もっとわかる

イタリア3大チーズ

チーズのカリスマが
モッツァレラ、ゴルゴンゾーラ、パルミジャーノ・レッジャーノを語る

本間 るみ子

旭屋出版

はじめに

昨今はネットで検索すれば簡単に情報が得られ、YouTubeでチーズのつくり方までわかる時代です。日本でもチーズを製造する人が急激に増加しています。チーズ伝統国に足を運び、肌で感じ考える価値はいま、どのくらいに思われているでしょう。

私がチーズに関わるようになって40年以上が経過しました。1980年代、バブル絶頂の時代、街には高級レストランが次々とオープンし、ワイン、高級食材、そしてチーズも少しずつですが需要が増していきました。そんななか、小さなチーズ輸入販売会社を創業したのは1986年のこと。”つくり手“にとことんこだわり、社名を農家製という意味をもつ”フェルミエ“と名付けました。つくり手を訪ね、その情熱や想いをチーズとともにお客様に伝える、ということをコツコツと続けてまいりました。

1992年にはチーズの日が生まれました。チーズの祭典「チーズフェスタ」も始まり、チーズの勉強をする人たちが増えはじめたのはこのころからです。

生産者を訪ねて収集した現地の話は、毎月発行するフェルミエ通信でリポートするとともにチーズスクール等でも映像を使って紹介しました。好奇心が旺盛すぎて、現地で見聞きしたことを一人でも多くの方に伝えたいと、とにかく必死だったことを思い返します。

フランスチーズについてはよきフランス人パートナーに恵まれ、輸入も産地巡りも計画を立てやすかったのですが、イタリアチーズは難航しました。現地に国内のチーズをまとめて取り扱う人がいなかったこともあり、イタリアからの輸入には苦労が絶えませんでした。けれど、フランスチーズと違いイタリアのチーズは料理の一部なので、自ら足を運び、その土地でじっくり食べて飲んで語り合うことではじめて理解できることも多々ありました。イタリアの方は、いったん親しくなれば家族同様に接してくださいます。その心地よさに加えて料理の美味しさにも魅せられ、どんどんイタリアにはまっていったような気がします。

2001年には「イタリアDOPのチーズたち」(フェルミエ刊)の出版にあわせ、30種類のDOPチーズをすべて輸入し、紹介するという大きなイベントも開催しましたが、その後に定着して継続するチーズは多くはありませんでした。イタリアにはよく似ているチーズが非常に多く、フランスのチーズとは用途自体が違うことを学びました。

さて、今回はイタリアを代表する3つのチーズを通して、イタリアと日本のチーズを取り巻く環境の変化を考えてみました。こうして改めて振り返ってみますと、時代とともにイタリアも日本もどれほど進化してきたことか、その事実に驚かずにはいられません。時代の流れの中で幾度も行き来してきたからこそ分かったこともたくさんあると実感しています。現場におもむき、様々な主張に耳を傾け、時に肩入れし、時に冷静になり、日本の中でも議論し、だからこそいま、語れることがあります。

今回あらためてその時代背景を調べなおし、どのような進化を遂げたのか、私の個人的な視点ではありますが、まとめてみました。ぜひ、その時代を思い出しながら楽しんでいただくとともに、チーズ一つ一つの後ろに見える人や土地柄を感じていただき、急速にチーズが広がりつつある日本の将来を考える一助にしていただけましたら幸いです。

本間るみ子

パルミジャーノ・レッジャーノ 73

■日本のチーズ消費量と輸入量の推移

資料：農林水産省生産局畜産部牛乳乳製品課、財務省貿易統計

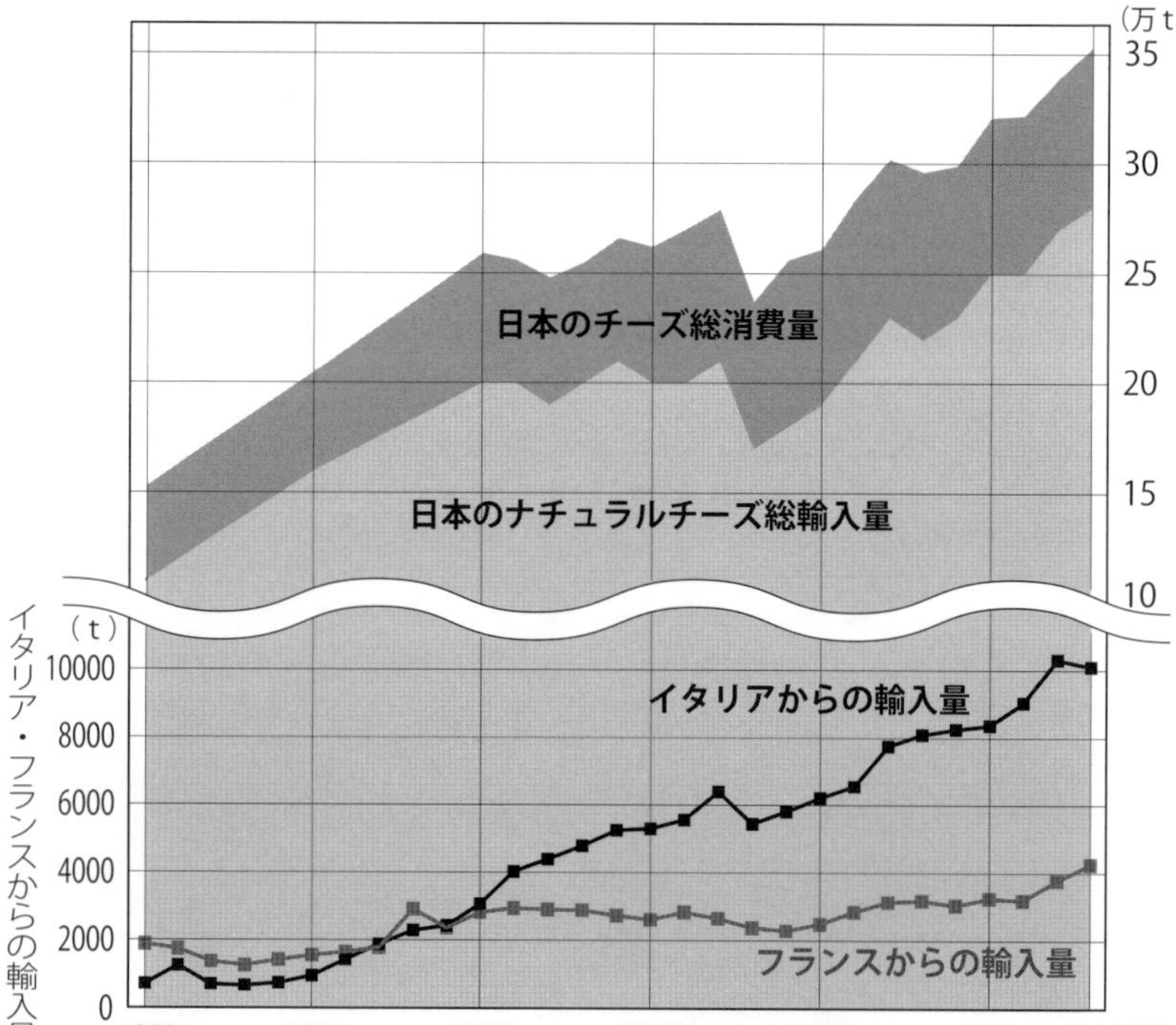

Mozzarella

モッツァレラ

1 モッツァレラのニッポン出世物語

真っ白なチーズの登場

「あれは、わさび醤油で食べるんだよね」。

かつて、モッツァレラを初めて体験した日本人は、そういった食べ方から入っていました。というより、きっとどこかの頭のいい方が、真っ白でタンパク質がたっぷりのこのチーズを日本人に食べさせるには、かまぼこに見立てて和食文化に取り入れるのが一番とピーアールしたのでしょう。でも、それから数十年の間に、このチーズは本当はピザに使うんだ、いやいやトマトと食べるんだ、などと、本場イタリア式の食べ方が知れ渡り、いまではすっかり日本に定着した感があります。が、ここにきて、いま改めて、日本の食文化との融合の時期に差し掛かっているような気がします。

モッツァレラだけの国内消費量動向のデータがないので細かくはわかりませんが、私の記憶にある限り、モッツァレラが白い塊のくせのないチーズとして、少しずつ日本で知られていったのは１９８０年代だったと思います。当時はまだそれほどなじみがなく、そのままでも、溶かしても美味しい、繊維質の食感がちょっと不思議な存在だったかもしれません。

日本は１９６４年の東京オリンピックの年からナチュラルチーズの空輸が始まります。１９７０年の大阪万博で本物の欧州の食文化にも開眼し始めます。１９７３年から実施された変動為替相場制や、１９７８年の成田国際空港（当時は新東京国際空港）開港のおかげもあって、そのころから欧州チーズも少しずつ日本でも手に届く存在になってきました。

始まりは、ストリングチーズ

私がこのチーズの親戚のような「ストリングチーズ」に出会ったのは、短大を卒業して1年間アメリカに住んでいた１９７６年のことでした。繊維状に裂けて、シコシコとしたおもしろい噛み応えと塩味が美味しく、おやつにぴったりのストリングチーズ。アメリカはすでにイタリア移民が持ち込んだモッツァレラをさらに発展させて、日常的に扱いやすいストリングチーズにしていたのです。

当時はそこまでの知識もないままに、アメリカで体験した様々なチーズの美味しさが忘れられず、帰国してチーズ商社チェスコに入社しました。当時の社長で今日の日本のチーズ文化の礎を作ったとも言える松平博雄氏も、まだその時はストリングチーズをご存じなかったようでした。というのも、私がチェスコ在職中の1979年、休暇を使って再びアメリカ旅行をしたとき、お土産にこのストリングチーズを買って帰ったらたいそう興味を持たれたのです。松平社長はさっそくそれを当時、雪印乳業の泉圭一郎氏のもとに持っていき、そこから日本の「さけるチーズ」の研究開発が始まったと聞きました。まさにその年、雪印乳業は山梨県の小渕沢に日本人の味覚に合ったチーズを開発するためにチーズ研究所を作ったばかりで、泉氏はそこの初代所長だったのです。商品化されるまでに私は何度も試食させていただき、翌年の1980年には早速、ストリングチーズとして発売がスタート。「さけるチーズ」という名称になったのは1995年です。

モッツァレラはピザとともに

さて、こうしてストリングチーズこそ早々に日本版ができたものの、個性の主張がそれほど強くないモッツァレラのほうの名前が日本で飛躍的に発展していくきっかけは、アメリカ経由で知ったピザ（ピッツァではなく）、そして1980年代に火が付いた宅配ピザブームでした。

ピザは、アメリカからやってきたピザパーラー「シェーキーズ」が1973年に東京・

赤坂に1号店をオープンして以来、日本の若い女性たちのおしゃれ心をくすぐって全国に広まっていきます。洋食店やホテルをはじめファミリーレストランでもピザは当たり前のメニューになっていきました。私も自宅で普通の食パンにソースを塗り、その上にチーズをのせて焼くピザトーストにはまりました。でも、当時使っていたのはイタリア産ではないモッツァレラでした。なにはともあれ溶ければ嬉しい、美味しい、と思っていた時代です。

そんなとき、アメリカから宅配ピザという新しい形態が日本に上陸します。あの、大好きなピザが電話1本で自宅にやってくる。この楽しさと美味しさのワクワクは1985年にドミノ・ピザが東京・恵比寿に初オープンしたのを皮切りに、全国の主要都市にも広がりを見せ、日本中の味覚を喜ばせていきました。

当時、日本人の多くが「溶けて美味しいチーズ」と思うのは、実はゴーダチーズでした。程よいトロリ感、凝縮された旨み。ピザ、とろけるチーズの第一印象の決め手となったのは、日本でそれまでなじみのあったゴーダチーズだったのです。でも、チーズの価格競争が始まると、ゴーダも本場のオランダ産からニュージーランドやオーストラリア産へと移っていきます。

そして時が進み、バブル景気で多くの人が本場を見てきて、言うようになりました。

「本物はピザではなくピッツァ。イタリアはナポリが本場で、使われるチーズもイタリア産のモッツァレラでしょう」と。

とはいえ、フレッシュチーズのモッツァレラを水に浸けて日本まで運ぶには空輸以外、方法がありません。しかし、それにはコストがかかりすぎます。そのため日本ではドイツ産やデンマーク産の牛乳製モッツァレラが重宝されてきたのです。ドイツ産はドイツモザレラあるいはステッペンなどと呼ばれていました。デンマークモツァレラというのもありました。当時、これらは船で来ていましたから、水に浸けるようなフレッシュタイプではなく、ビニールで生地をそのまま完全密封する包装形式。一部では熟成タイプと言われていたかもしれません。これらの国と日本のチーズ商社は、もともと別のチーズで古くから取引があったのでイタリアルートを開拓するより話が早かったのです。

イタリアから水牛乳製モッツァレラを輸入しよう

私がフェルミエを立ち上げたのは1986年ですから、まさにこの「本物のモッツァレラ」が話題になり始めたときでした。でも、当時のモッツァレラは調理の材料としてのイメージが強く、最初、私は自社の取り扱いリストに入れていませんでした。当時の私はフランスチーズを多く取り扱い、したがってチーズはカットしてプラトーで提供するほうに力を入れていたからです。それでも気になって1987年にはイタリアのローマのあるラツィオ県の隣、フロジノーネ県に水牛乳製モッツァレラを見に行きます。試食してみると

モッツァレラにトマトとバジルを合わせた「カプレーゼ」。イタリア南部カンパーニァ地方のカプリ島風のサラダですが、今ではすっかり日本の定番になりました。

甘みやジューシーさが牛乳の比ではありません。ところが現地で聞いた賞味期限は常温で48時間。いくら飛行機を使ったとしても東京まで送ることは大変な冒険です。それに、当時の日本はまだまだ、ミルクがにじみ出るフレッシュタイプであれば牛乳製で十分満足していました。私は数年間、二の足を踏んでいました。

それでも時代はすでにピザだけでなく、イタ飯全体がブームとなって盛り上がりをみせはじめます。やるなら今だ。やっと決心して、なんとか冷蔵技術を駆使して輸入を開始しました。

ところが、いざ南イタリアから届いてみると、モッツァレラを1個ずつ特殊紙に包んで発泡スチロールの箱につめ、そこに水を張ってふたをし、テープで口を閉じたような荷姿です。まるで国内を運ぶようなラフさ。封を開けたら私たちが手作業で小分けして販売するのです。

困ったのは、荷姿だけではありません。長距離の旅ゆえに輸送中のトラブルもしょっちゅうで気が抜けない月日が続きます。イタリアとの取引の難しさに翻弄され、ついに2000年ごろからは、水牛乳製を個包装で輸入している日本の商社からの仕入れに切り替えざるを得ない期間もありました。でも、数年のうちに、トリノで開かれる世界一の規模と言われる食品展示会「サローネ・デル・グスト」で素晴らしい会社と出会い、以来、今日まで信頼関係を続けています。何より、すでにこのころの技術では賞味期限も冷蔵で

15日間と大幅に伸びていたことも幸いしました。

水牛乳製を日本に入れるようになって、私は本場の水牛乳製モッツァレラの良さを説いて回りました。ジューシーな水牛乳製モッツァレラはトマトと合わせてカプレーゼにして、など、今ではあまりに当たり前に思えるメニューも、チーズそのものの味を味わってもらうためにバジルと合わせてイタリアの国旗の色よ、とばかりに推奨していました。21世紀になると、モッツァレラはずいぶん当たり前の、身近なチーズになってきました。日本にもキロ単位の塊が船便で、ときには冷凍でも届くようになり、その量は桁違いになってきたと思います。

その一方で、日本にも新鮮な牛乳はあり、モッツァレラが日本でもつくられるようになっていきます。先鞭をつけたのは岡山の吉田牧場の吉田全作さんです。彼のチーズのファンだった当時のイタリア大使館の参事官サルバトーレ・ピンナさんが「つくり方を教えるから、君にモッツァレラをつくってほしい」と吉田家に泊りがけで通い、モッツァレラの製造方法を指南したといいます。これが苦労の末にイタリア大使館御用達のモッツァレラとなって世間の話題をさらい、有名レストランからも注目を集めます。1993年のことです。となると当然、これを知った他のつくり手もあとに続きます。つくり手が増え、日本人向けに100グラム前後と小さめサイズで価格も抑えてきたせいか、いまではどこの家庭をのぞいても、このチーズを当たり前に口にしています。もともとトマトが好きな日本人ですからカプレーゼのようなサラダ仕立てもすんなりと家庭に浸透しました。

モッツァレラは、相手の個性を引き立ててくれる優しいコクのチーズです。くせがないので使い勝手がよく、溶かすとふわっと軽くなって糸を引く楽しさもあります。チーズ初心者でも入りやすくて栄養価も高い。子どもから大人まで受け入れられて、ちょっと高級感。控えめな存在かと思っていたら、知らない間に日本の食卓の定番になっていったというわけです。

イタリアではできたてのモッツァレラは、水に浸けてそのまま店頭に並べるか、水ごと袋詰めして、すぐ販売するので包装も簡易。

人気上昇中の水牛。

2 故郷イタリアからEUへ、世界へ

始まりは水牛のミルクから

ここで、少し現地のお話をしましょう。

モッツァレラの起源はイタリア、カンパーニァ地方一帯に生息する水牛の乳利用でした。その水牛のルーツは6世紀にドイツ周辺から、あるいは12世紀にシチリア経由でインドから、はたまたこのカンパーニァの湿原地帯にもともといたのでは、というように、いまだ諸説あってはっきりはしていません。

伝統ある水牛ではありますが、搾れるミルクの量は1頭当たり1日7～12リットル程度。時代が下り、この3倍もの量が優に搾乳できる牛が登場してから、水牛は一時期、飼育頭数を減らしてしまいました。牛乳を大量に使ってモッツァレラをつくる製法が確立されると、生産地は牛が育てやすく牛乳がたっぷり手に入る北イタリアに大きく広がっていきました。

私がイタリアで初めてフレッシュの水牛乳製モッツァレラを見たのは、さきにもお話し

南イタリアの一般的なカゼイフィーチョ。裏の工房で真水、塩水とつけたら、そのまま表の店頭で販売します。

た1987年のローマから車で数時間の工房です。カゼイフィーチョと呼ばれるチーズ工房兼販売所の裏でつくり、出来立てを冷水にチャポンと入れると、そのまま表の店に並べて販売を始めるというやり方は、まるで半世紀前の日本のお豆腐屋さんのようでした。素朴でいいな、と感動したことを覚えています。

しかし、モッツァレラを取り巻く環境はこのころから怒涛の変化を遂げていきます。

伝統を意識し始めたきっかけ

バケツの水に浸かっていたモッツァレラも大量生産の時代を迎えると、牛乳製に続いて1990年代には水牛乳製も、小さなビニール袋に1個ずつ水と一緒に入って世界を飛び始めました。包装技術、冷蔵輸送設備、集荷・輸出システムがそれぞれに躍進して、市場は日に日に拡大していったのです。なかには牛乳と水牛乳製の混乳モッツァレラも誕生します。モッツァレラと名がつけば何でも売れる。世界からのモッツァレラ需要にイタリア側も本腰を入れてきたのです。

そんななか1993年、イタリア政府はその土地の伝統とオリジナリティを保証する制度Denominazione《デノミナツィオーネ》 di《ディ》 Origine《オリージネ》 Controllata《コントロラータ》（略してDOC、日本語で原産地呼称統制制度と訳される）に水牛乳製のモッツァレラを加えました。そして他の地域でつくられたり、水牛乳以外でつくられるモッツァレラと一線を画すため、カンパーニァの指定地域でつくられる水牛乳製モッツァレラのことは「モッツァレッラ・ディ・ブーファラ・カンパーナ（カンパーニァ地方の水牛乳製モッツァレッラ）」と呼ぶことになりました。（とはいえ、もともと地元ではこれこそがモッツァレラですから、逆に牛乳からつくられたもののことを「フィオーリ・ディ・ラッテ Fiori di latte：牛乳の花の意味」と呼んでいます。）

ＤＯＣという国家のお墨付きは、商品に競争力を与えました。１９９３年当時、これにリストアップされていたチーズは20弱でしたが、１９９６年には30を数え、名称もＤＯＣからＥＵ統一のＤＯＰ（Denominazione di Origine Protetta《デノミナツィオーネ ディ オリージネ プロテッタ》）に代わり、ＥＵ共通のマークもできました。

その勢いをさらに加速したのが翌年、北イタリアの町ブラで開催された第1回ブラ祭りでした（以後、隔年で開催）。ＥＵ各国の名だたるＤＯＰチーズが１２６種類も一堂に会し、世界中から訪れたチーズ関係者はここで世界各国の伝統チーズを意識するようになったのです。世界に、モッツァレラの本家は水牛乳製だという主張と、それぞれの伝統的な食べ物のルーツを大切にしようという機運の高まりから、水牛乳製モッツァレラの消費はこのころからいっそう上向き、水牛の頭数も増加していきます。

第1回ブラ祭り（1997年）

1997年、北イタリアのブラでブラ祭り「チーズ'97」が始まりました。EU各国から伝統チーズが集まり、EU内だけでなく、広く世界に発信。このあと、リストにあがる伝統チーズは増える一方です。

イタリアの伝統チーズをアピール。この時はまだDOPチーズも30ほど。いまでは50を数えるほどになりました。

126 Dop e Igp in degustazione

Austria
- Gailtaler Almkäse
- Tiroler Graukäse

Belgio
- Fromage de Herve

Danimarca
- Danablu
- Esrom

Francia
- Abondance
- Beaufort
- Bleu d'Auvergne
- Bleu des Causses
- Bleu du Haut-Jura, de Gex, de Septmoncel
- Brie de Meaux
- Brie de Melun
- Brocciu Corse
- Camembert de Normandie
- Cantal
- Chabichou du Poitou
- Chaource
- Comté
- Crottin de Chavignol
- Emmental de Savoie
- Emmental français est-central
- Epoisses de Bourgogne
- Fourme d'Ambert ou fourme de Montbrison
- Laguiole
- Langres
- Livarot
- Maroilles
- Mont d'Or ou Vacherin du Haut-Doubs
- Munster ou munster-géromé
- Neufchâtel
- Ossau-Iraty-Brebis Pyrénées
- Picodon de l'Ardèche ou picodon de la Drôme
- Pont-l'Evêque
- Pouligny Saint Pierre
- Reblochon de Savoie
- Roquefort
- Saint-Nectaire
- Sainte Maure de Touraine
- Salers
- Selles-sur-Cher
- Tomme de Savoie
- Tomme des Pyrénées

Germania
- Allgäuer Bergkäse
- Allgäuer Emmentaler
- Altenburger Ziegenkäse

Grecia
- Anevato
- Batzos
- Feta
- Formaella Arachovas Parnassou
- Galotyri
- Graviera Agrafon
- Graviera Kritis
- Graviera Naxou
- Kalathaki Limnou
- Kasseri
- Katiki Domokou
- Kefalograviera
- Kopanisti
- Ladotyri Mytilinis
- Manouri
- Metsovone
- Pichtogalo Chanion
- San Michali
- Sfela
- Xynomyzithra Kritis

Italia
- Asiago
- Bitto
- Bra
- Caciocavallo Silano
- Canestrato Pugliese
- Casciotta d'Urbino
- Castelmagno
- Fiore Sardo
- Fontina
- Formai de Mut dell'Alta Val Brembana
- Gorgonzola
- Grana Padano
- Montasio
- Monte Veronese
- Mozzarella di Bufala Campana
- Murazzano
- Parmigiano Reggiano
- Pecorino Romano
- Pecorino Sardo
- Pecorino Siciliano
- Pecorino Toscano
- Provolone Valpadana
- Quartirolo Lombardo
- Ragusano
- Raschera
- Robiola di Roccaverano
- Taleggio
- Toma Piemontese
- Valle d'Aosta Fromadzo
- Valtellina Casera

Paesi Bassi
- Noord-Hollandse Edammer
- Noord-Hollandse Gouda

Portogallo
- Queijo de Azeitão
- Queijo de cabra Transmontano
- Queijo de Evora
- Queijo de Nisa
- Queijo de São Jorge
- Queijo Rabaçal
- Queijo Serpa
- Queijo Serra da Estrela
- Queijo Terrincho
- Queijo da Beira Baixa (Queijo de Castelo Branco, Queijo Amarelo da Beira Baixa, Queijo Picante da Beira Baixa)

Regno Unito
- Beacon Fell traditional Lancashire cheese
- Bonchester cheese
- Buxton blue
- Dovedale cheese
- Single Gloucester
- Swaledale cheese / Swaledale ewes' cheese
- West Country farmhouse Cheddar cheese
- White Stilton cheese / Blue Stilton cheese

Spagna
- Cabrales
- Idiazábal
- Mahón
- Picón Bejes-Tresviso
- Queso de Cantabria
- Queso de La Serena
- Queso Manchego
- Queso Tetilla
- Queso Zamorano
- Quesucos de Liébana
- Roncal

ブラの町は、洋服のブティックやメガネ屋さんまでショーウインドーにチーズを飾って祭りを盛りあげていました。

チーズ好きにはたまらない祭り。観光客も多く訪れます。

パスタフィラータは腕次第で自由な形にでき、店頭に花を添えます。あまり日持ちしないので持ち帰れないのが残念。

勢いづく水牛乳製モッツァレラ

１９９７年に訪問したカンパーニァの大手工場は、水牛乳製のモッツァレラの水をきって密封包装する技術を開発し、アメリカ市場で大成功を収めていました。こんなに大胆な開発力、営業力、そしてその実績は、当時の南イタリアとしては傑出した存在だったと思いますが、これを知ったとき水牛乳製に勢いを感じたのは確かです。

モッツァレラ需要に可能性を見たイタリアは、２０００年を超えてから世界に対して冷凍モッツァレラの売り込みを始めます。チーズにする前のカード（乳を固めたもの）を冷凍便で送るから、日本で練ってモッツァレラにしてはどうかという話までありました。モッツァレラビジネスもここまで来たかとそのアイデアには感心しましたが、冷静に計算すると東京では人件費、土地代でコストも合いませんし、そもそもこの時の味には納得がいかず、残念な思いはありましたが、この売り込みには乗りませんでした。

その後しばらくたった２０１２年、ナポリの南カパッチョという町にある、ヴァンヌーロという水牛乳製モッツァレラの生産者を訪ねました。ここは水牛乳をヨーグルトやアイスクリームにする商品開発力まで持ちながら海外への輸出はおろか、国内への卸しもせず、販売は直接買いに来る人だけが対象です。ここではモッツァレラの冷蔵庫保存は風味が落ちるので『常温で４日以内の消費』を鉄則としています。１人当たりの購入上限を５

かつては泥沼に浸っていた水牛たち（左）も、今ではきれいな水のプールが用意されています（右）。

キロとするのも、大きな駐車場や直売所に並ぶ人々の列を見れば納得できます。スタートは1988年とのことでしたが、訪問したときはすでに水牛の飼育数が600頭で、そのうち搾乳牛は300頭。私の経験からいってもかなり大規模化が進んでいると感じました。そのうえ衛生管理は行き届き、ミルクの検査システムも完備。水牛1頭ずつにマイクロチップが埋め込まれ、食事から健康管理も行き届いています。

もともと火山灰地で水はけが悪く、沼地が点在して耕作に不向きな土地だからこそ水牛の酪農が続いてきたと聞いていたエリアで、沼は人口プールに、エサはＢＩＯ指定の麦と干し草を美味しくブレンド、搾乳はスウェーデン製ロボットでという近代化を聞いて、この発展の速さに息をのんでしまいました。

しかし、話はまだ終わりません。さらに驚くべきはその水牛が今、牛と比べて出産回数が多く、長生きしてくれる経済的な動物だと人気が出て、イギリスでもフランスのパリ近郊でも、オーストラリアでもすでに飼われているということです。日本でも水牛を飼い、そのミルクでチーズをつくり、コンテストで入賞する生産者が出てきました。水牛そのものの行き来は難しくても、凍結精子で頭数は増やせる時代です。これからは日本でも水牛は増え、水牛乳製の国産モッツァレラももっと身近になっていくことでしょう。

2008年に訪れたカンパーニャ州南端のカゼイフィーチョ。

看板横にはEU共通のDOPマーク(最上段)、水牛乳製モッツァレッラ・ディ・ブーファラ・カンパーナの保護協会マーク(中段)が掲げられていました。

カチョカヴァッロ

スカモルツァ (左)と、燻製したスカモルツァ・アッフミカータ(右)

一昔前まで、棒とたらいは当たり前の風景でした。ラフな服装も許されていました。

3 世界に増えるモッツァレラのつくり手

名前の由来は「ちぎる」から

少し前まで、イタリアのモッツァレラのパンフレットには、まるで日本のたらいのような木の桶と、木の棒がセットで写っていました。その現物を操ってモッツァレラをつくる風景は現代では衛生管理の厳しさから姿を消しつつあると聞きましたが、1997年当時、あえて選んだ家族経営規模の工房ではまだ見ることができました。

モッツァレラはジューシーでみずみずしく水分量が一般的なチーズよりは多く、牛乳7～8リットルで1キロできる計算です。ところが、水牛乳製になると4リットルで1キロできます。それほどに水牛乳は脂肪分とタンパク質が多く、歩留まりもよいのです。

つくり方を簡単に説明しましょう。

①乳脂肪分7％以上の水牛の全乳を、搾乳後16時間以内にチーズ工房に運び込みます。

少量のカードで伸び具合を確認します。

2人1組の作業。

②33～36℃に温めます。

③乳酸菌を入れ、凝乳酵素も入れて固めます。

④できたカードはクルミ大にカットし、そのままホエイの中で休ませます（約5時間が目安）。その後、ホエイから取り出します。

⑤カードを少量とって、伸び具合を確認します。

⑥カードを別の容器に移し替え、95℃の熱湯を加えて棒で引き伸ばすようにこね、湯を捨て、再び熱湯を注ぎ入れては棒でこね、また湯を捨てるという作業を繰り返します。この繰り返しで生地に繊維質が形成され、独特の食感が生まれます。このタイプのチーズを「パスタフィラータ」と言います。

⑦つきたての餅のように粘りとつやをもった一塊になったら、端から引きちぎって成形していきます。

⑧できあがったチーズは数分間冷水につけ、その後、塩水プールにつけます。

さあ、これで出来上がりです。この時、カードを入れてこねていた容器は木製の桶でした。その工房では2人1組になり、1人が棒で桶の中をかき混ぜるともう1人が桶を傾けてざーっとお湯を捨てます。お湯に紛れて一緒に流れた小さなカードはザルで受け止めて再び桶に戻し、さらに同じ工程を繰り返します。その作業はとてもリズミカルで見とれて

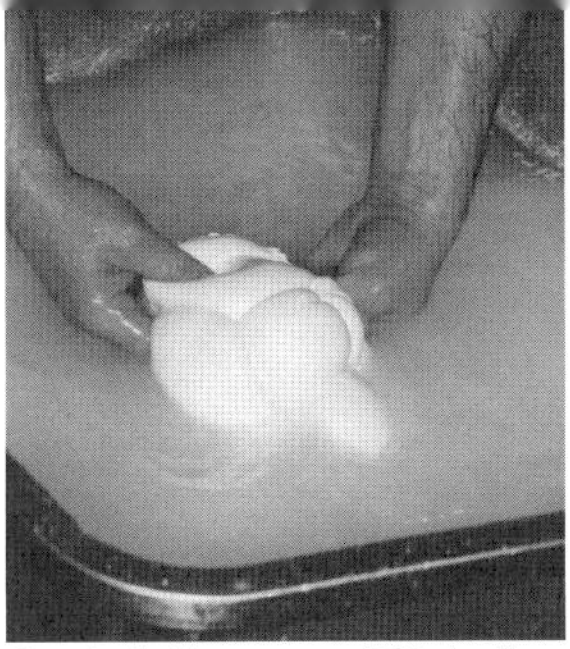
余った生地で、三つ編みなど様々な形がつくられます。

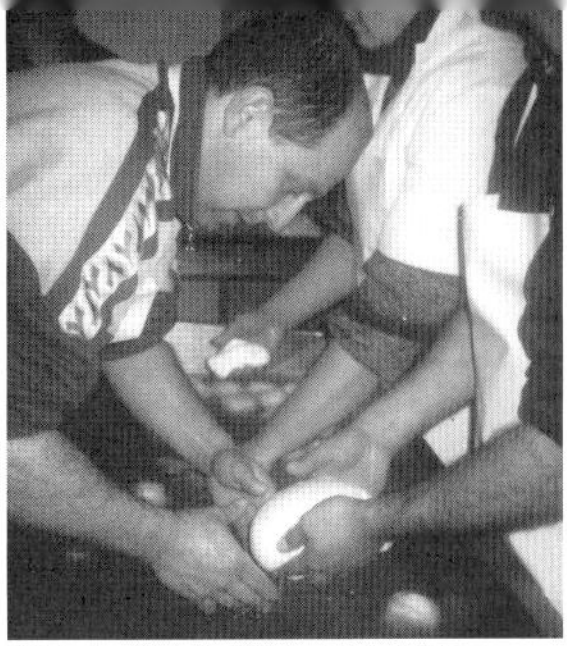
引きちぎる作業は、2人1組で。

しまうほどでした。

さらに2人1組の仕事は続きます。1人が、つきたての餅状態の、アツアツの塊から両手を使って適当な大きさを絞り出すと、もう1人がそれを引きちぎって形を整えるのです。これこそが「モッツァレラ」の語源となった「モッツァーレmozzare＝ちぎる」の工程です。あまりの熱さに手のひらが真っ赤になるので、時々冷水に手をつけながらの作業です。それでも球形だけでなく、三つ編みにしたり大小さまざまなサイズにしたりと、手仕事はとても楽しそうでした。

そのときつくり手に聞いた美味しいモッツァレラとは、中身はなめらかではなく、ぽつぽつと穴があり、そこからミルクがしみだしてくるジューシーさがあることでした。出来立てから数日間は弾力がありますが、時間が経つほどに弾力性が失われて行くので、やはり新鮮なうちが一番なのです。

１９８０年代から90年代初めのころまで、モッツァレラの工房と言えばこうしてたくさんの人がずらりと並んでこんな作業をにぎやかにやっていましたが、時代の流れとともに熱い生地に触る人はどんどん減り、21世紀の声を聞くころにはこねる、成形するといった作業も機械化が進んでいきました。モッツァーレのシーンが消えたのは寂しいことですが、すごいのは、それでいて味が落ちないどころか、商品の品質は均一になり、安定してきた点です。本気になったイタリアの技術と味への妥協のなさには感心するばかりです。

モッツァレラのできるまで

ミルクを温め、凝固剤を入れ、固まったらカットして、そのまま5時間ほどホエイの中で休ませてから取り出します。

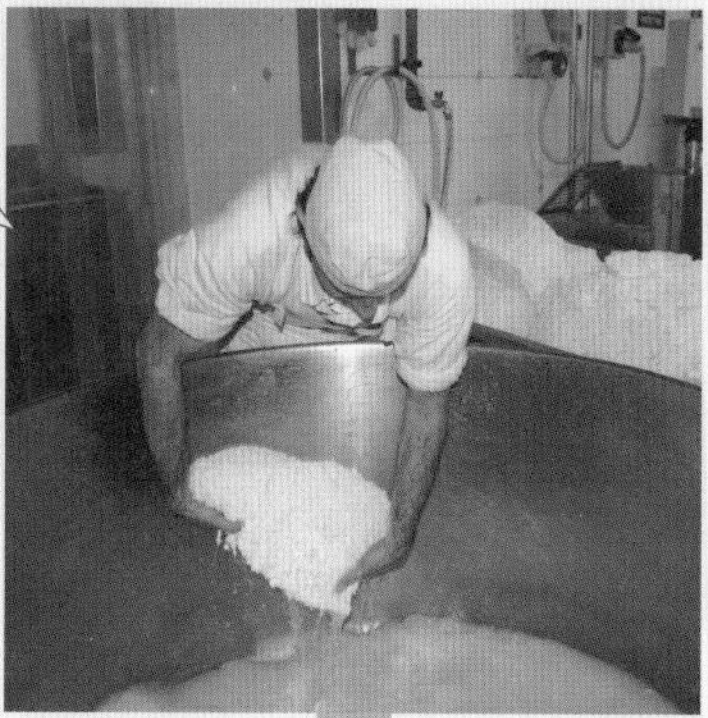

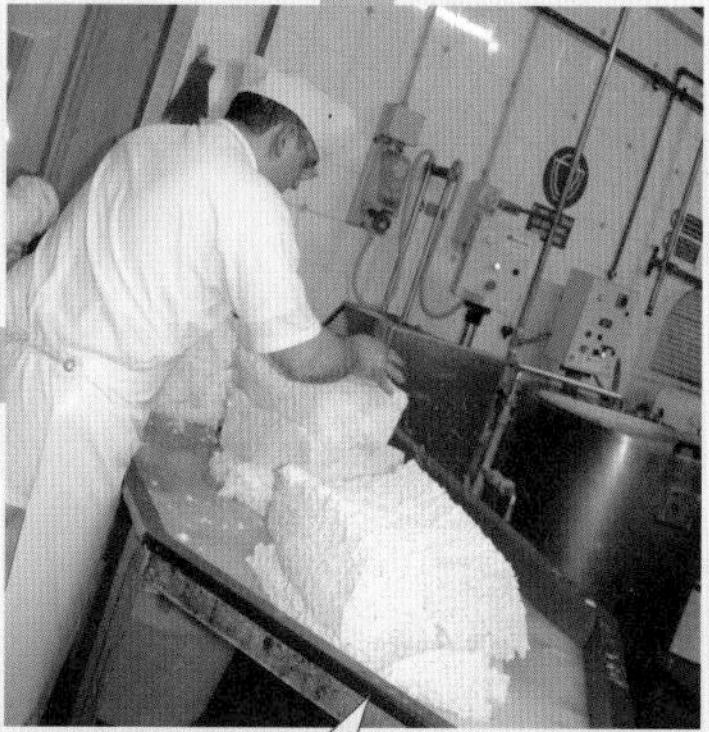

カードを台にのせて水分をきります。

近代的な製法

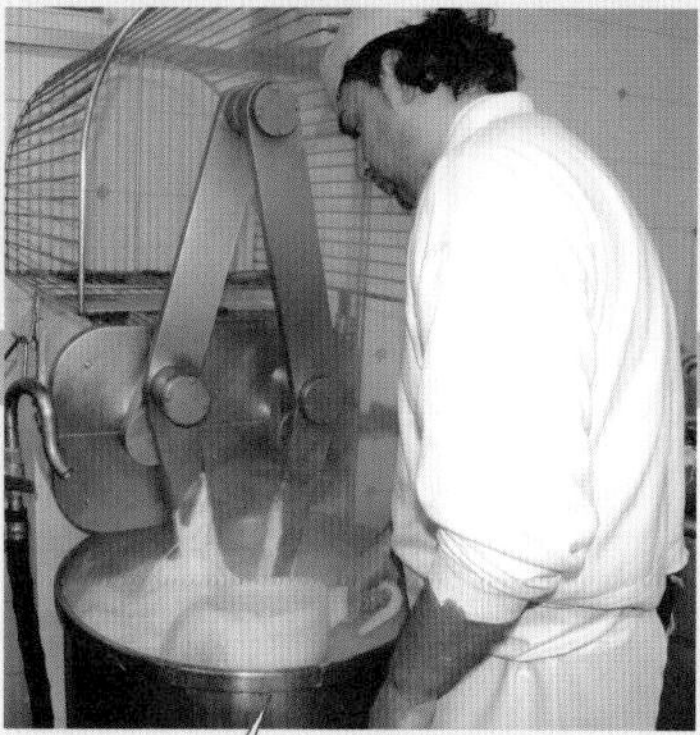

熱湯と合わせてよくねります。

伝統的な製法

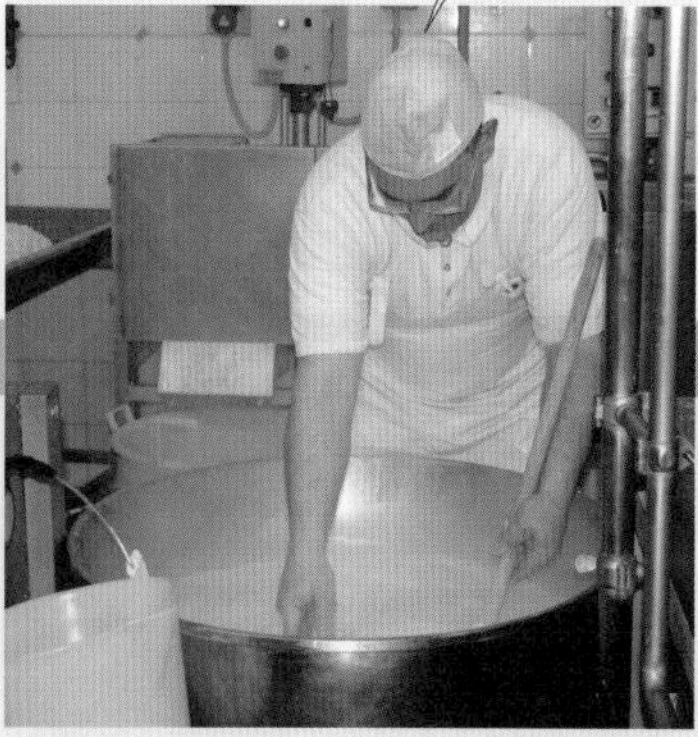

熱い生地も人が触ることなく丸く
カットされます。

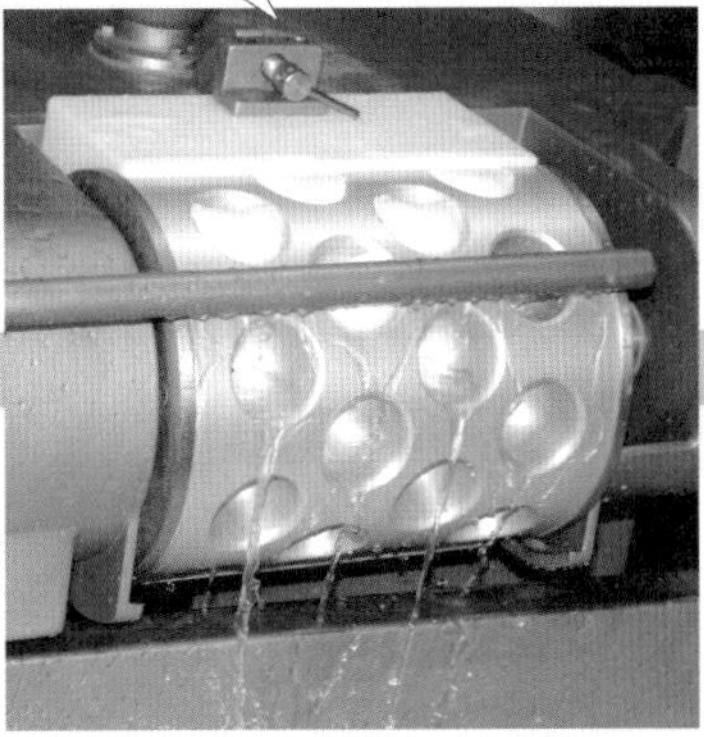

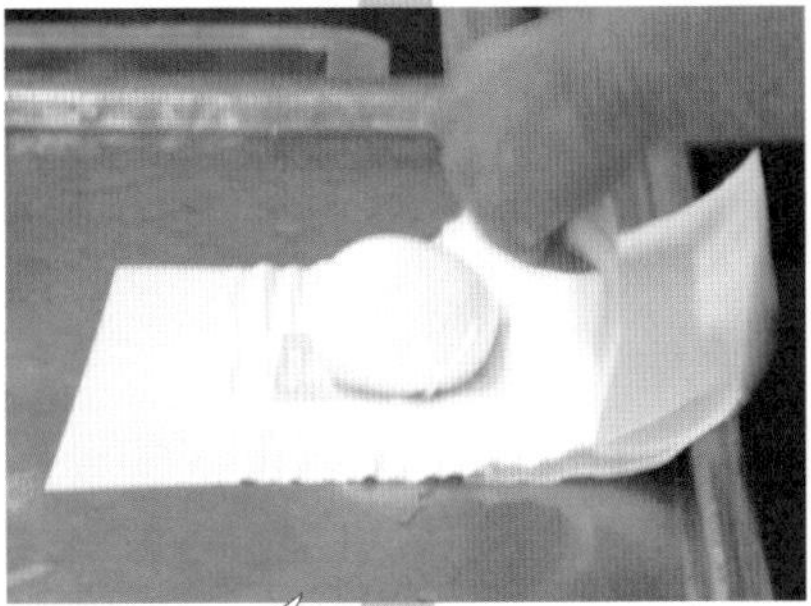

包装されて、
出荷されます。

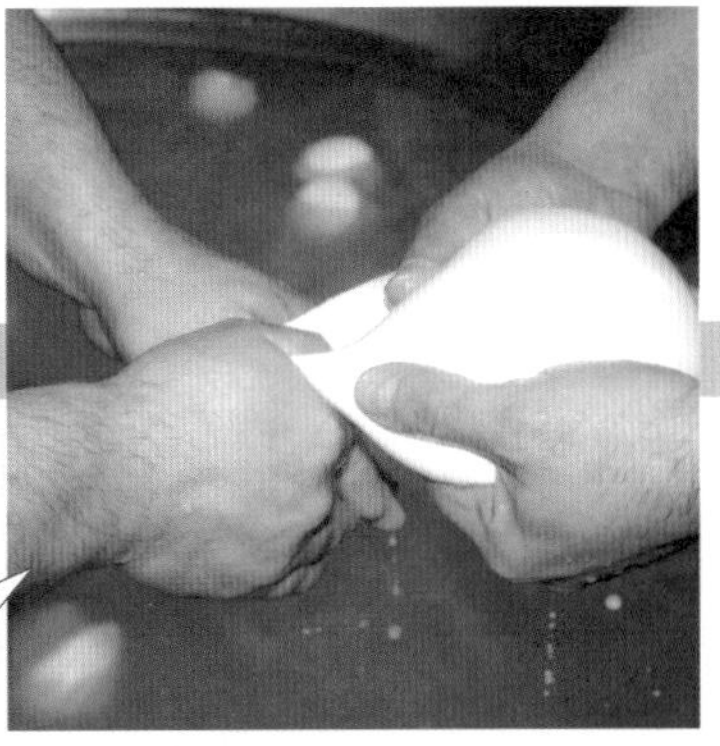

これがモッツァレラの語源となった
引きちぎる作業「モッツァーレ」。

信頼できるつくり手は日本にも

振り返って、日本でも全国の牛乳産地でナチュラルチーズづくりの機運は90年代から上昇の一途。チーズの中でも比較的つくりやすく、日本人にも受け入れやすいモッツァレラを手掛ける工房も、先の吉田牧場の成功を手本に急速に増えました。熟成という時間を必要としないので換金効率がいいのもチーズビジネスの中では魅力です。そのうえ出来立てが美味しく、賞味期限も短いとなれば、これを日本でつくらない手はないと誰でも思います。

私も良質な国産チーズがたくさん登場するのを見て、一時はモッツァレラも国産を扱うことを考えました。確かにイタリアから水ごと飛行機に乗せて輸入するのはエネルギーの無駄遣い、地球を汚すことにつながるという負い目はないわけではありません。けれど、日本の手づくり規模と流通販売の数量のバランスをとるのはかなり難しく、現段階では販売の立場にいる人の多くは私に限らず、悔しい思いを抱えているはずです。

食べ物のビジネスは今、大きな統合が始まっています。ヨーロッパでも大手が国境を越えてミルクを集め、チーズに変え、世界に向けて販売網を広げています。安くて、味にそん色はなく、検査に合格すればひとまずは安心。でも、私はミルクをどこの国からどんなふうに買い集め、どんな運び方をしているかが気になって、まだ自信を持って販売できません。食べ物はつくり手の地域で信頼できる人の原料でつくってほしいですし、それを確認して食べ手に届けたいという気持ちは変わらないのです。そんなことを言っていては価格競争では負けるかもしれません。でも営業努力をしてつくり手の信頼感を食べ手にわかってもらい、そして心から満足した笑顔で美味しいね、と言ってもらえるようになったらきっと関係は続く。それが私のビジネス像と思ってここまでやってきました。

あと10年もしたら、日本でももっと市場が広がり、つくり手も増え、私たちの身近な地域で良質のモッツァレラがつくられ、気軽に出来立てが買える日が来るかもしれません。その証拠に、すでに今、モッツァレラは東京のど真ん中でもつくられ、出来立てが売られるようになりました。あるいはセントラルキッチンでカードまでつくり、繁華街の飲食店に配達し、お客様にモッツァレラづくりを見せながらピザやカプレーゼとして提供するパフォーマンス型のビジネスも始まっています。「イタリアなんて」といってフランスチーズしか扱わなかったパリのチーズ専門店でさえ、いまはモッツァレラも、そしてモッツァレラから発展して一大人気になっているブッラータも扱うようになりました。アメリカ・ニューヨークともなれば、より以前から、これらのビジネスを成功させています。

かつて、地味な存在だったモッツァレラも、知られてみると食卓で好まれ、つくり手も増え、あっという間に世界各地に根を下ろしていった感があります。根を下ろしたその土地で新しいスタートを切るならば、日本でもこれから日本らしいモッツァレラが生まれるかもしれません。

4 多彩に根を下ろす同族チーズ

世界に広がるパスタフィラータの仲間

ここまで、カンパーニャ地方でつくられる水牛乳製のモッツァレラや、牛乳でつくられるフレッシュなモッツァレラを中心にお話してきました。しかし、イタリアに行ってみると南イタリアのもっと広い範囲で牛乳製のモッツァレラもあれば、その親戚のようなチーズにもたくさん出会います。チーズの分類では「パスタフィラータタイプ」というグループに入るものです。

パスタフィラータとは、カードをこねては伸ばし（フィラーレ filare＝糸状にする）、繊維状の生地（パスタ Pasta ＝生地）に仕上げるものを言います。この製法は英語圏ではストレッチカードタイプとも言われます。日本でも知られている代表的なものを42ページにまとめてみました。

この中でも南イタリア一帯に広まっているひょうたん形のカチョカヴァッロというチーズのつくり方のルーツは、すでにＢＣ５００年ごろの資料に記載があるといいます。表に

南イタリア・
カラーブリアの風景。

繊維質のある生地づくりのための「フィラーレ」は、南イタリアの様々な場所で見かけます。

カラーブリアのカチョカヴァッロは
細長い洋梨形が特徴。

10年物のカチョカヴァッロ・シラーノ。

ロンバルディア州の３つの湖の中間点に位置するカーヴで熟成されるカチョカヴァッロ。
（グッファンティ社）

挙げた各チーズの製法を眺めると、カードを熱湯の中で引き伸ばすようにこねる工程は共通で、大きな違いは仕上げる形や大きさ、そして熟成の度合いだけのように見えます。これらを基に想像すると、人の多い町ではチーズづくりがカゼイフィーチョという専門店として成り立ち、フレッシュな商品も随時売れてビジネスとして成立したでしょう。そのためフレッシュモッツァレラは町の文化として残ったと思います。

一方、地方の農村部では、酪農専門でもなければ一般の農家が各戸でチーズづくりにつきっきりになることは難しいので、他の農作業の合間でもできるようなゆるやかな製法で、保存がきくようにハードタイプの熟成型になったのだと思います。それでも出来立ての塊の端っこや、半端に残ったものはフレッシュな状態で家族で食べていたはずです。日本で餅をつき、つきたてを日持ちするように丸めながらも1個、2個はその日のうちに楽しむのと同じようなものです。

つまり、製法は環境によって生まれ、微妙に調整されて変化していく、これは必然だったと思います。

今でも街のカゼイフィーチョを見ていると、フレッシュな生地はアイデア次第で自由な形にできるし、それで店の個性自慢、腕自慢もして、とても楽しそうです。旅人がそれを見れば自分もやってみたいと思い、新しい土地で始めればそこで歴史を刻み、その土地のパスタフィラータが始まるのはまったく自然なことではないでしょうか。

その土地ならではの伝統やオリジナリティを保証するＤＯＰが、かつて海を渡ってシチリアで広がったカチョカヴァロを今、「ラグザーノ」という固有名詞でシチリア固有のチーズとして認定しています。これはカチョカヴァロをシチリアからアメリカに輸出するのに効率的なサイズとして食パンの3斤棒のような直方体にしたこと、製法も少し変えたこと、そしてその歴史が長くシチリアならではのこととして、オリジナリティが認められたからです。「ラグザーノ」を求めて初めてシチリアに渡った時、島の古い人たちは「あれはカチョカヴァロだよ」と呼ぶので最初は何が何だか分からなくなっていましたが、これもひとつのチーズの発展形だったのです。そしてそのシチリアから地中海を渡ってギリシャに行くと「メチョボネ」となり、東欧にたどり着くとハンガリーでは「カシュガヴァル」になりました。

私がアメリカで出会って日本でも発売されるようになったストリングチーズも、シコシコ、くにゅくにゅの食感や味わい、そして保存性の高さが日本国民に受け入れられ、定着する。これも日本にまかれた種の一つでしょう。

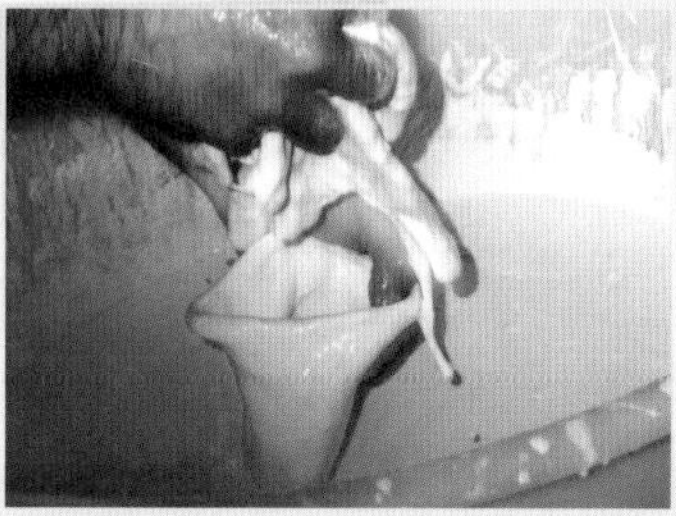

ブッラータ

ひもをほどいて、お尻を離さないように十文字に切って開き、トマトとオレガノを全体に散らし、塩、こしょう、オリーブオイルで。バジルでなくオレガノなのがプーリア風。

こうして中にクリームとカードを入れます。

ラグザーノ

熟成はひもでくくってつるします。立てておくと、まるで材木のよう。

プロヴォローネ・デル・モーナコ

熟成はひもでつるして。中は滑らかで白い生地。

プロヴォローネ・ヴァルパダーナ

つるすひもを装飾の一つに生かします。
大きなものから小さなものまであるのも特徴の一つ。

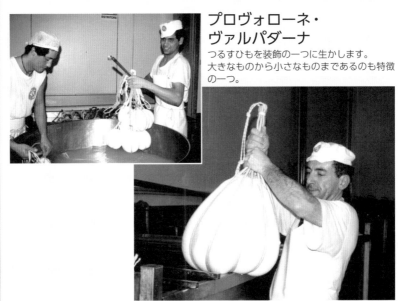

	ラグザーノ **Ragusano** 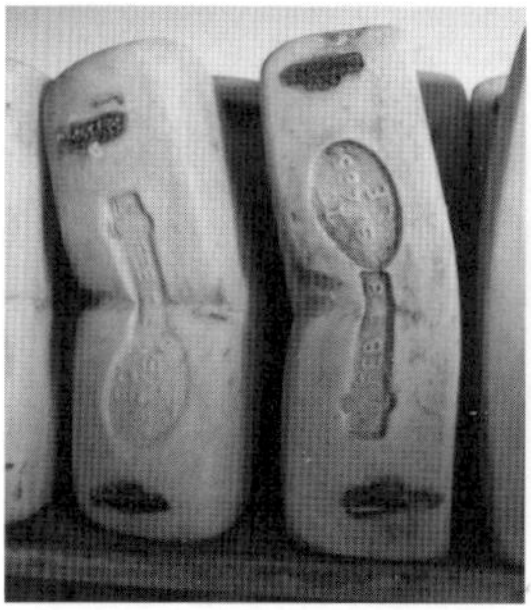	プロヴォローネ・ ヴァルパダーナ **Provolone Valpadana** 	プロヴォローネ・デル・ モーナコ **Provolone del Monaco** 
	四角柱 10～16kg	サラミ形、メロン形、 円すい形、洋ナシ形、 ひょうたん形 500g ～100kg	細長いメロン形 2.5～8kg
	牛乳 最低40%	牛乳 最低44%	牛乳 最低45%
	最低4か月	4kg:最低10日 4kg ～10kg:最低30日 10kg以上またはピカンテ:最低90日	最低6か月
	シチリア州の一部 	ロンバルディア州、ヴェネト州、 エミリアロマーニャ州の一部ほか 	カンパーニァ州の一部 
	191トン	6,159トン	—
	1995年 1996年	1993年 1996年	2010年
	15世紀、カチョカヴァッロとしての資料あり	1870年ごろ、複数の人によって技術が南イタリアから北イタリアのパダーナ渓谷に持ち込まれた	不明

	モッツァレッラ・ディ・ブーファラ・カンパーナ **Mozzarella di Bufala Campana** 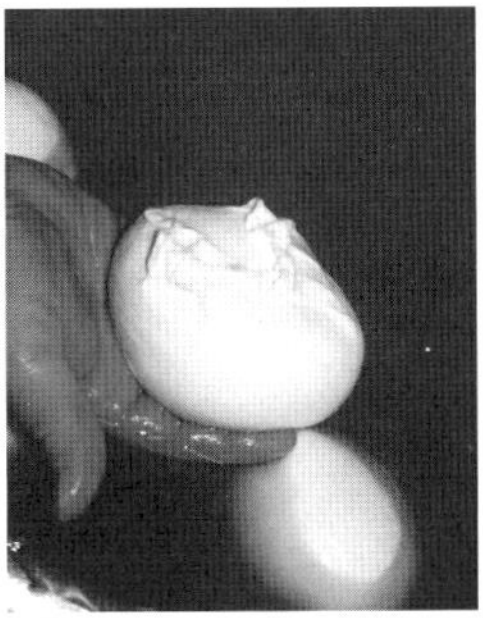	ブッラータ **Burrata** 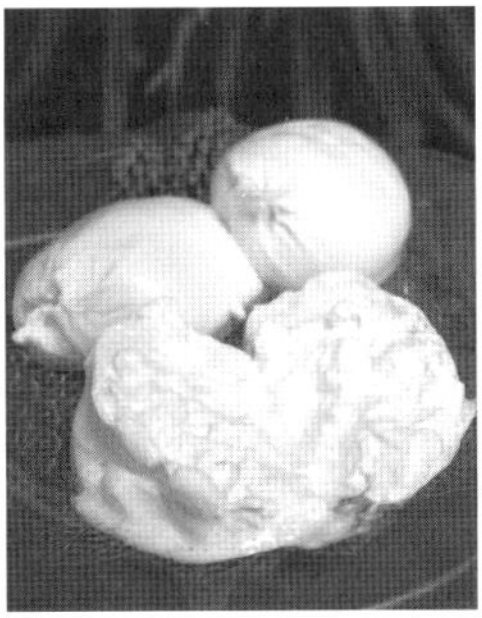	カチョカヴァッロ・シラーノ **Caciocavallo Silano** 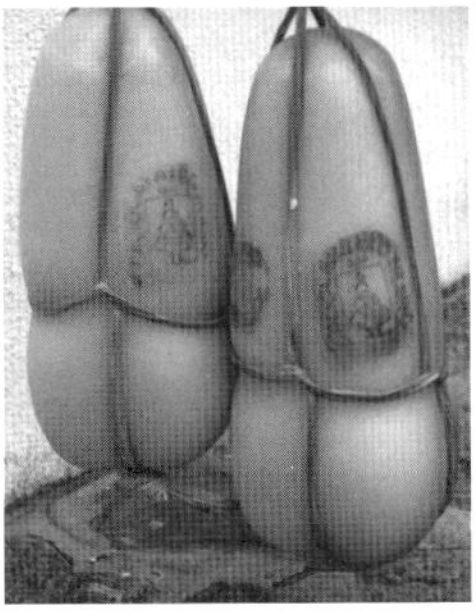
形状	球状(大小) 三つ編み リボン状他 20～800g	球形	洋ナシ形 ひょうたん形 1～1.5kg
乳種 乳脂肪	水牛乳 最低52%	牛乳	牛乳 最低38%
熟成	なし	なし	最低30日
産地	カンパーニァ州および ラツィオ州の一部 	原産はプーリア州バーリ県 	カラーブリア州、モリーゼ州、 プーリア州、カンパーニァ州、 バジリカータ州の一部 
生産量 (2018年)	49,398トン	—	859トン
DOC取得年 DOP取得年	1993年 1996年	未取得	1993年 1996年
歴史	13世紀ごろカプアの修道士が旅人にふるまった	1920年ごろビアンキーニ氏のアイデアでできた	BC500ごろの資料に登場

カラーブリアでも、パスタフィラータはキノコをはじめ様々な形に。

カラーブリアの牧草地。

カラーブリアのカゼイフィーチョ。モッツァレラからカチョカヴァッロ・シラーノまで多彩に豊富にあります。

シチリアのモディカーナ牛。

シチリアのカゼイフィーチョ。

日本のパスタフィラータを日本流に楽しむ日

それにしても、ミルクを固めた食べ物を変幻自在にできるというのは、時代も土地も越えて人にワクワク感を与えます。イタリア本土の最南部にあるカラーブリアのお祭りでは、キノコ祭りだからとあらゆる種類のキノコをつくり、そのまわりにはゾウやブタ、ネコ、ウマなどの動物を置いたり、人形を置いたり、はたまたパンをかたどったりと、遊び心満開でした。

ローマを知り尽くす友人の長本和子さんからお土産としてもらったブッラータに魅せられ、その源流を求めて行ったイタリア半島かかと部分のプーリアでは、何軒か回ってやっとブッラータを製造中のカゼイフィーチョを探し当てました。1人がモッツァレラを袋状に膨らませ、もう1人がその中に生クリームとカードを入れ、口をひもでしっかりとくくって完成。1個300~500グラムと、いま日本で流行っているタイプから見るとても大きなサイズです。これを白いビニール袋に入れ、その外側を、その辺りでは当たり前に生えているユリ科の植物アスフォデーロの葉で筋状に包み上げると、白地に緑色が生えて、なんともおしゃれなブッラータの出来上がりでした。これも、バーリの町近くに住んでいたビアンキーニさんという人が、1920年ごろ、余ったカードの処理に困ってモッツァレラの中に生クリームと共に入れたのが始まりといいますから、手仕事の日々ならではの七変化です。

日本でも、あちこちでモッツァレラづくりの体験講座が開かれています。ミルクからチーズになる過程を追えるのは、大人も子どもも、誰もが夢中になる楽しさです。多くの人がつくればつくるほど、新しいアイデアが形になって育つかもしれません。

いただき方も現地で聞くと、オリーブオイルだけ、あるいは塩やレモン汁も加えてとか、バジルペーストもいい、と言われたり、かと思えば少量のレモン汁と砂糖も美味しいよと。甘くするのもありかと知って、それなら日本流に、一口大サイズのモッツァレラを白玉団子に見立てて積み上げ、カラフルなスティックをいっぱい刺して、黒蜜、黄な粉、あんこなどを盛り合わせるのはどうでしょう。もちろんサラダ仕立ても、わさび醤油も、やっぱり捨てたものではありません。

こう考えていくと、かつて日本人のチーズイメージはカマンベールか穴あきエメンタールのように思っていましたが、今、最も身近なところまで浸透したチーズはモッツァレラかもしれません。すでに日本の生産者たちは、自分のモッツァレラに個性や地域特性をどう反映させるかと、風味のアレンジを工夫し始めています。日本風アレンジが進み、日本の食卓に日常的に上るのは時間の問題です。

食卓の楽しさとともに買いやすい価格にしていくには、つくり手同士も互いに手を取り合いながら発展していくことが必要でしょう。そうなれば、それほど遠くない未来に日本の新しいパスタフィラータが生まれ、日本の風土に合ったモッツァレラ百珍がネットのあふれる日はきっと来ると思います。

成分比較表

		モッツァレラ	蒸しかまぼこ	ゴーダ
主原料		牛乳 (または水牛乳)	魚のすり身	牛乳
原産国		イタリア	日 本	オランダ
栄養成分 (100gあたり)		(牛乳製の場合)		
	エネルギー (kcal)	276	95	380
	水分 (g)	56.3	74.4	40
	タンパク質 (g)	18.4	12.0	25.8
	脂質 (g)	19.9	0.9	29.0
	炭水化物 (g)	4.2	9.7	1.4
	ナトリウム (mg)	70	1000	800
	カリウム (mg)	20	110	75
	カルシウム (mg)	330	25	680
	マグネシウム (mg)	11	14	31
	リン (mg)	260	60	490
	ビタミンA (μg)	280	ー	260
	食塩相当量 (g)	0.2	2.5	2.0

資料：七訂食品成分表2019（女子栄養大学出版部）

Gorgonzola

ゴルゴンゾーラ

① 日本人のブルー意識を変えた英雄

カビを食べるのは・・・

ブルーチーズについての認識は、年代でずいぶん違うかもしれません。

日本人が給食でプロセスチーズを食べ始めたのが１９６３年。その後パスタに粉チーズを振りかけ、ピザだ、グラタンだと加熱して溶けるナチュラルチーズに近づいて行くのに20年近くかかっています。その様子を見ながら１９８０年代、国産メーカーは日本人向けの小型カマンベールの製造を少しずつ増やしていきますが、その表面についている白カビは食べていいものやら、残していいものやら・・・と戸惑う人はまだまだ大勢いました。そんな時代に、切った断面に見たこともない青カビが点々と、あるいは筋になってニョキニョキと育っているチーズを見たら、思わず店に電話して「中にカビが生えていましたよ」とクレームを言うのも仕方のないことだったでしょう。

ところが、さらにそれから30年、今ではその日本人がブルーチーズをピザやケーキに入

れては「美味しい」といい、国産ナチュラルチーズの工房ではそんなブルーチーズをヒントに日本らしいブルーチーズをつくり、世界コンクールでトップクラスの成績を収めるほどになりました。フランス人が「日本人はブルーが得意なのか」と噂している話も聞こえるほどです。

それほどまでにブルーチーズと日本人の距離を縮めることに貢献したナンバーワンは、おそらくゴルゴンゾーラではないでしょうか。ひょっとしたら、いまや日本で、イタリアチーズの中でもトップクラスの人気と知名度かもしれません。

世界三大ブルーの中で最強のヒーロー

ブルーチーズは、日本に輸入され始めてからも長い間、敬遠されることの多いチーズでした。「カビを食べて、体の中にカビは生えないの?」とか、「この刺激が苦手なの」と。チーズ伝統国ではれっきとした一分野を成しているチーズでありながら、日本ではこれに手を出す人は変わり者だとか酔狂だとか言われ、今でも最も好き嫌いが分かれるチーズでしょう。

ところで、ご存じの方も多いと思いますが、ブルーチーズには世界三大ブルーと呼ばれるものがあります。フランスのロックフォール、イギリスのスティルトン、そしてイタリアのゴルゴンゾーラです。

このうち日本で最初に有名になったのはスティルトンです。イギリスのエリザベス女王が1975年に来日されることが決まったのはいいのですが、女王の好物のスティルトンの用意がないことが判明。女王のテーブルにスティルトンの姿がないのは日本としても申し訳ないとばかり、宮内庁の指示で日本のチーズ輸入会社チェスコが急きょ飛行機で取り寄せたというエピソードがあります。当時はスティルトンのことを「イギリスの高貴なブルー」と呼ぶ人もいました。

その後、次第にフランス料理がレストランやホテルで饗されるようになると、ワインとともに、ときに料理のソースにとロックフォールが注目を浴びるようになりました。フランスにはロックフォールこそチーズの王様だとする文献がたくさんありますし、羊乳を使ってつくり、自然の洞窟の中で熟成したものでないとこの名が名乗れないなどと、フランス人も認める歴史ある大御所チーズです。けれど、それでも、日本人にはなかなか手が出ません。結局、スティルトンもロックフォールも、残念ながら日本にブルーチーズ好きをそれほど増やすことはかないませんでした。

さてそんな時に、ダークホースのように現れたのがイタリア産ゴルゴンゾーラです。ゴツゴツとした名前のインパクト、なのに口に入れた時のクリーミーでまろやかな味わいのギャップに人々はまず、びっくり。それ以上に驚いたのは料理との相性の良さでしょう。

イタリアで「ゴルゴンゾーラのリゾット」を初めて見たとき、ごはんと青カビの混在にちょっとドキドキ。でも美味しさには絶句しました。

クリームに溶かすだけですぐソースになる美味しさ。それをパスタソースとして、オムレツのソースとして、あるいはリゾットにしてと大活躍。そのままピザにのせたり、ケーキにも、アイスクリームにもと入り込んでくるころには、若い女性の心をわしづかみにしていました。

この背景にはイタ飯ブームがあります。1980年代後半、フランス料理の隆盛を追うようにイタリア料理の本格的なレストランが増えていきます。フランス料理より少し気軽な雰囲気や、素材をそのまま生かすシンプルな料理法が日本人に受け入れられ、「ゴルゴンゾーラのリゾットが美味しい」などと、おしゃれな女性たちの口にチーズ名がのぼり始めたのです。味の流行は多くの場合女性が作りますから、独身者でも主婦でも、その心をつかんだら勝ちです。そしてその勢いは1990年代より2000年代になってからのほうがいっそう強いように感じます。

その証拠に、日本人のチーズ全体の消費量は、1990年で1人当たり約1・1キロだったのが、ここ30年で3倍近い2・8キロ（2018年）と伸びましたが、ことゴルゴンゾーラに関しては1990年代より2000年を超えてからの勢いのほうがすさまじく感じます。チーズの消費量は料理に使われ始めると急上昇していくのです。

② 複数の顔を持つイタリアチーズ

同じ名前なのに、まるで別もの

ゴルゴンゾーラには、２種類の味わいがあります。カビが少ないのが甘口タイプの「ドルチェ」、一方で細かくみっちりカビが広がっているのが辛口タイプの「ピカンテ」です。辛口と言っても取り立てて辛いわけではないのですが、身が締まって青カビの風味が生きているのでシャープな印象からこう呼ばれているのでしょう。

もちろん、日本人にブルーを克服させたのは甘口タイプのドルチェです。芳醇な甘みのなかに少しだけ青カビの刺激がある、食べやすいブルーが人気を博したのでした。ただ、本来の伝統ゴルゴンゾーラはピカンテです。

そもそも、私がイタリアチーズを知り始めたころ、イタリアでは同じ名前なのに味や見かけが違うチーズが出てくる不思議さにずいぶん戸惑いました。ゴルゴンゾーラもそうですが、国とＥＵが保証するＤＯＰチーズの中だけでも同じ名前でありながら全く違うつくり方、違う味わいを持つイタリアチーズはいくつもあります。例えばアズィアーゴというチーズには、最低20日熟成の「プレッサート」と最低60日熟成の「ダッレーヴォ」という2タイプがあって、それぞれつくり方も違います。熟成期間だけでなくつくり方から違うのに、なぜ同じ名前なのか。他の国ではありえないことが最初は不思議でなりませんでしたが、今ではイタリアチーズはそういうものだと、そのまま受け入れるようになりました。

同様に、同じ名前なのに2つかそれ以上の顔を持つチーズはこのほかにブラ（テーネロとドゥーロ）、モンテ・ヴェロネーゼ（全乳タイプと脱脂乳タイプ）、ペコリーノ・ディ・ピチニスコ（半熟成と熟成）、ペコリーノ・サルド（ドルチェとマトゥーロ）、ペコリーノ・トスカーノ（フレスコとスタジョナート）などなど、拾い上げ始めたらきりがありません。

ゴルゴンゾーラのルーツ

話をゴルゴンゾーラに戻しましょう。そもそもチーズの中に、どうして青カビを育てるのか。きっかけは偶然から生まれた自然界からの贈り物でした。

イタリアは21世紀になってＤＯＰに認定されるチーズがたくさん出てくるようになりました。たとえ生産者は少なくても、いえ少ないからこそ、伝統あるチーズの原点を絶やしてはいけないという生産者の情熱と、これに応える政府のおかげです。そしてそんななかの一つに、２０１４年にＤＯＰに認定されたストラッキトゥン（発音では最後に小さくトの音が聞こえますが、ここでは省略します）というチーズがあります。ゴルゴンゾーラの原点は、実はこのチーズなのです。

ストラッキトゥンの歴史は9世紀、あるいはそれ以前から始まります。秋の風を感じるころにもなると、夏の間アルプスで放牧していた牛たちはいっせいに山を下り始めます。その途中に休む場所がゴルゴンゾーラ村でした。ここでも夕方には搾乳をしなければなりませんが、搾ったミルクはそのままにしておけないので、凝乳酵素を入れてカードに固めます。そして翌朝、新しく搾ったミルクでまたカードをつくります。前日の冷たくなった硬いカードと、当日の、まだ冷えきっていない軟らかいカードを重ねれば隙間が生まれ、そこに忍び込んだ青カビは、隙間があれば酸素も得られ、菌糸を伸ばしていきます。こうしてできた青カビ入りチーズ、これがゴルゴンゾーラの原形、ストラッキトゥンの始まりと言われています。

青カビは繁殖するのにともなって脂肪を分解し、できた脂肪酸から刺激的な独特の風味や旨みを呈するようになります。これは偶然のいたずらとも言われますが、そのチーズとたまたま相性のよい青カビがもたらした自然界の奇跡です。そしてそれを後人の知恵で継いできて、今日の美味しいブルーチーズがあるのです。

ところで、ゴルゴンゾーラはもともと「ストラッキーノ・ディ・ゴルゴンゾーラ」という名前でした。ストラッキーノとは、「疲れた」という意味です。つまり、長い間の放牧

2014年、ゴルゴンゾーラの町で開催されたゴルゴンゾーラ祭りの会場に、この年の3月にDOPを取ったばかりのストラッキトゥンが早くも参戦。ゴルゴンゾーラの起源とされるチーズだけに、来る人の話題をさらいました。

ダイナミックなロゴが、
素朴な表皮に映えます。

カードを2回に分けてつくり、層になるように組み合わせていきます。この製法を絶えさせないために、ストラッキトゥンをDOPに登録しました。

に疲れていたのは牛たちか人間の方かはわかりませんが、できたチーズを「ゴルゴンゾーラ村の疲れたチーズ」と名付けたのです。でも、ストラッキトゥンの復活から、さらにその前は、ストラッキーノ（疲れた）とロンド（丸い）を合わせてストラッキトゥンという名前だったという歴史が明らかにされました。一つ一つの食べ物のルーツを大事にしたい。そんな思いでこのチーズを復活させたイタリア現地の人々の情熱には改めて拍手を送りたい気持ちです。

「ドルチェ」と「ピカンテ」。その違いと共通点

さて、ストラッキトゥンの製法を現代まで継いできたのはピカンテでした。ピカンテのことを別名「ナトゥラーレ（自然の）」とも呼ぶのは、こうした伝統製法を継いでいるからだと思います。

一方、ドルチェは戦後生まれた新しいタイプです。

ドルチェのカードは朝夕に搾ったミルクを合わせてつくり、水分を抜きすぎないようにして、型詰めもそっとていねいにします。そのため生地はやわらかく仕上がり、ゴルゴンゾーラは評判を呼びます。常温では流れ出さんばかりのクリーミーさ。そのため隙間も埋まりがちで青カビも多くは育たず、そのせいで刺激が少ない。それがまた魅力とされまし

ホールのまま卓上に並んだゴルゴンゾーラのドルチェ（左）とビカンテ(右)。

た。

2回に分けてカードをつくっていたピカンテも研究が進み、朝夕のミルクを合わせてカードは一度につくるようになりました。でも、カードを細かくカットして鍋の中でかくはんして型詰めする工程をみると、ドルチェより硬い生地ができるのも当然で、隙間も多く、青カビもよく育ちます。

こうして原点の味わいは継いではいるものの、カードを2回に分けてつくるという製法がなくなったままでよいのか。さきほどのストラッキトゥンの復活は、この事態に疑問を持つ生産者がいたのがきっかけでした。

製造を見せてもらったときの説明では、カードの扱いのほかは、ドルチェとピカンテの現代の大きな違いは青カビと凝乳酵素の種類だと聞きました。以下、共通の作業をお話ししましょう。

①殺菌した全乳に乳酸菌と青カビの素を入れ、その後、凝乳酵素を入れます。
②固まったカードをカットして、ホエイを排出させます。
③カードは平らなお椀（カヴィーノという）で型に入れ、何度も上下をひっくり返します。最後にゴルゴンゾーラ保護協会のマークを上面と下面に付けます。
④型から出したあと、周囲に塩をし、崩れないように側面に樹脂のすのこを巻いて数日

ゴルゴンゾーラのできるまで

ミルクを固めてカットしたら、台の上に移します。手作業のこともあれば、ポンプで流し込む場合も。

型詰めはていねいに手作業で。

型を2段に重ね、できあがりの2倍の高さまでカードをたっぷり入れます。
反転しながら自重で沈んでいくのを待ちます。

側面に補強のためにすのこを巻きます。

ホエイがある程度抜けたら順次、すのこを外します。

伝統的な製法では経木を巻いていました。

熟成途中にカビの生育状況を確認します。針を刺して空気の通り道を作ります。

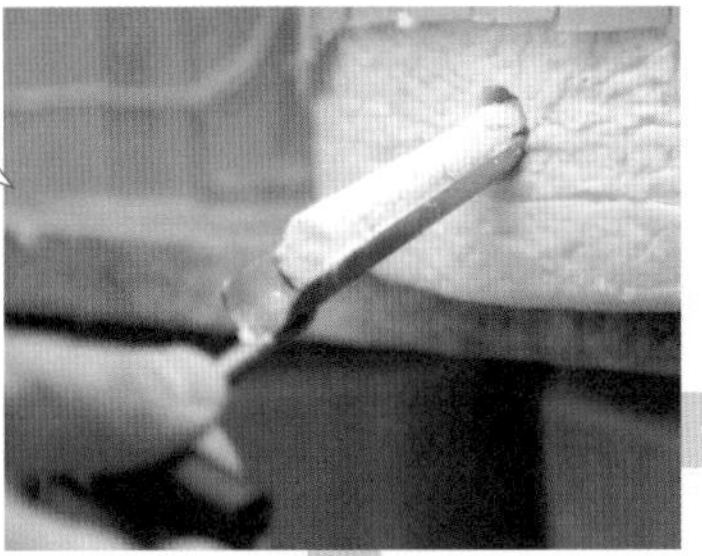

表皮ができて、カビが育ってきたら、いよいよ出荷です。

ふたつに割って、カビの状態を見ます。

青カビは光を嫌うのでアルミ箔に包みます。

かけてホエイを抜きます。

⑤すのこを外して熟成庫に入れ、途中、カビの生育状況を確認します。

⑥太い針を刺して空気の通り道を作り、青カビの生育を促します。

⑦熟成はドルチェの10～13キロサイズで最低50日、ピカンテの6～8キロの小ぶりなら最低60日、9～12キロサイズなら最低80日の期間が必要とされます。

ドルチェは熟成が進むと再び軟らかくなるので、再びここで、すのこを巻くこともあります。

⑧上下2つにカットし、光に当てないようにそれぞれをアルミ箔で包装して出荷します。場合によって、さらに2分割、あるいは4分割してアルミ箔で包むこともあります。

日本に届くものは最後に4分割された、扇型のものが主流です。もともと12キロサイズだとすると、もとの8分の1ですから一包みが1・5キロのホイル包みです。

ゆっくりていねいにかくはんします。カードは大きめで均一にするのがポイントです。

カードはポンプで移動させるようになりましたが、90年代、小さな工房ではゴルゴンゾーラの型詰めに使用するカヴィーノ（平らなお椀）より少し深めのボウルでていねいに移していました。時間も人手も要した時代でした。

ゴルゴンゾーラ　ドルチェ

Gorgonzola dolce

ゴルゴンゾーラ　ピカンテ

Gorgonzola piccante

3 ゴルゴンゾーラの魅力

青カビは健康的?

チーズの研究者によると、チーズに亀裂や隙間があり、たまたま酸素が入り込めるような状況があれば、青カビが発生するのはよくあることだそうです。かのロックフォールには、「羊飼いの少年がパンとチーズを洞窟の中に置き忘れ、後日行ってみたら、パンの青カビからチーズが美味しくなっていた」という逸話がありますし、イタリアの幻チーズと言われていたカステルマーニョも、現地で美味しいものを探していたら「亀裂が入って青カビが付いているのを探せ」と言われたことがありました。日本でお餅やパンに生える青カビは決して食べてはいけませんが、チーズの青カビで先人たちの経験を経て継がれたものは美味しさの指標のように言われます。今ではほとんどの場合、人間が選別した安全な青カビを作為的に添加していますが、歴史を見れば、青カビチーズはイタリアやフランスだけでなく、スペインの北部山岳地でも自然発生的に生まれてきました。

この青カビを食べ続ける不思議に、ひとつの答えを出したのが、最近発表された科学的データです。青カビは先にも触れたとおり、熟成中、チーズ中の脂肪を分解して遊離脂肪酸を作ります。これがそもそも刺激を感じさせる独特の風味を作り出すのですが、ここでできた遊離脂肪酸の中には胃潰瘍の原因菌であるピロリ菌の抑制効果があるというのです。また、最近のテレビで話題になったのが、ブルーチーズは、血管を若返らせるのに役立つラクトペプチド（100グラム当たりの含有量はブルーチーズ：46ミリグラム、チェダーチーズ：40ミリグラム）が含まれている、数少ない食品の一つということでした。

これらの理屈を先人がわかっていたとはとても思えませんが、病みつきになる魅惑の風味も、また経験的に青カビは食べても害はなく、ひょっとしたら有効性を体で実感する人もいて、今日まで食べ続けてこられたのだと思います。

ゴルゴンゾーラの発展

ゴルゴンゾーラは発祥から1000年の歴史を経て、1870年ごろから海外輸出が始まります。1907年にはミラノ県の隣、ローディ県に研究所ができ、青カビの研究が行われ、新しい熟成方法も開発されるようになります。1930年代には乳酸菌の研究も進み、前夜の冷たいカードと翌朝の温かいカードを混ぜるのではなく、1回のカードづくりでチーズをつくる方法が開発されました。

ゴルゴンゾーラの産地は今では平野部です。イタリア北部はコメの産地でもあります。

このころになると生産量の60％以上が輸出され、中でもとりわけフランスとイギリスで好まれ、ロンドン下院議員のレストランで提供されたのがニュースで取り上げられたこともある、とゴルゴンゾーラ保護協会のＨＰでは紹介されています。でも、当時のゴルゴンゾーラはピカンテタイプ。スパイシーでブルーの色も濃い緑色で現在のピカンテよりピリピリと強いチーズだったと思います。中には1年も熟成させるものもあったというのですから……。でも、ブルーチーズ好きのイギリス人だから、ニュースにもなったのかもしれません。

現在のクリーミーなゴルゴンゾーラがデビューしたのは第二次世界大戦後です。青カビや熟成期間の短期化などの研究が、２つの大戦を越えて実を結んだのです。そしてイタリア政府がその産地の特異性を認め、土地に帰属する名称と品質を保証するＤＯＣに認定されたのも、１９５５年とかなり早い時期でした。

ドルチェタイプが生まれ、国内外での人気は上昇の一途。産地はより効率のよい平野部に移り、次々と大工場を建てるようになったのも、イタリアチーズの中では早い方だったと思います。きっかけは１９７０年、商業都市ノヴァーラにゴルゴンゾーラ保護協会ができ、ここに巨大な共同熟成庫がつくられたことでした。

私が初めて訪ねたのは１９９２年のことでした。当時、イタリアチーズと言えばガルバーニとロカテッリが二大ブランドで、それはフランス経由でも買うことができました。けれ

ゴルゴンゾーラの町で毎年開かれる「ゴルゴンゾーラ祭り」。

イタリア式屋台で「ポレンタ」の販売。
スケールの大きさにびっくり。

イタリア内の青カビチーズコンクール。
残念ながら着いた時にはすでにコンクールは終わっていたました。

ど、いくら大ブランドとはいえ、現物はというと、聞くのと届くのとがまるで別ものでした。「緑がかったカビが点在し、流れるようにねっとりとして、甘みがあって」と聞いているのに、私の元に届くものはしっかりきめが詰まってカビも灰色っぽい……。ぜひ現地で確かめなくてはと思ったのです。

行くならロンバルディア州ミラノ県にあるゴルゴンゾーラ村、と勝手に思っていたものの、連れて行かれたのは隣のピエモンテ州ノヴァーラ県の県都ノヴァーラでした。そう、ゴルゴンゾーラの品質管理から販売、名称の保護まで管轄するゴルゴンゾーラ保護協会のお膝元だったのです。そして、なんとここで初めて「ゴルゴンゾーラ」といっても「ドルチェ」と「ピカンテ」の2種類があるのだと知るのです。これぞ、目からうろこの発見でした。

さて、いまDOPの規定ではゴルゴンゾーラの産地はとても広く、北イタリアの2州16県にもまたがっています。

たとえば世界三大ブルーの一つであるイギリスのスティルトンは、指定区域も狭いうえに生産者も一桁という少なさです。またフランスのロックフォールは生産地域こそ広いものの、ロックフォール村の洞窟で熟成させないとロックフォールとは呼べないので生産量の上限もおのずと決まり、全体像がつかみやすいチーズです。しかし、ことゴルゴンゾーラとなると、指定産地はただ広いだけでなく、中には飛び地まであり、いったいどこのゴルゴンゾーラが一番美味しいのか、探すのは至難の業。最近ではイタリア人のことですから、一番美味しいものは自分たちが食べて他国にはきっと出さないんだとあきらめて、現地に行ったら宝探しのように、様々なブランドのゴルゴンゾーラをいただいてみています。

２０１４年９月のことですが、ミラノに着くとたまたまゴルゴンゾーラ村でブルーチーズコンクールをやっていると聞いて、駆け付けました。ゴルゴンゾーラまではミラノから地下鉄で約30分の距離。いまでは都市化が進んでとてもチーズをつくれるような田舎ではありませんが、国を代表するブルーチーズの故郷に敬意を表して、ここに国内の様々なブルーチーズを集め、毎年町をあげてゴルゴンゾーラ祭りを開催して

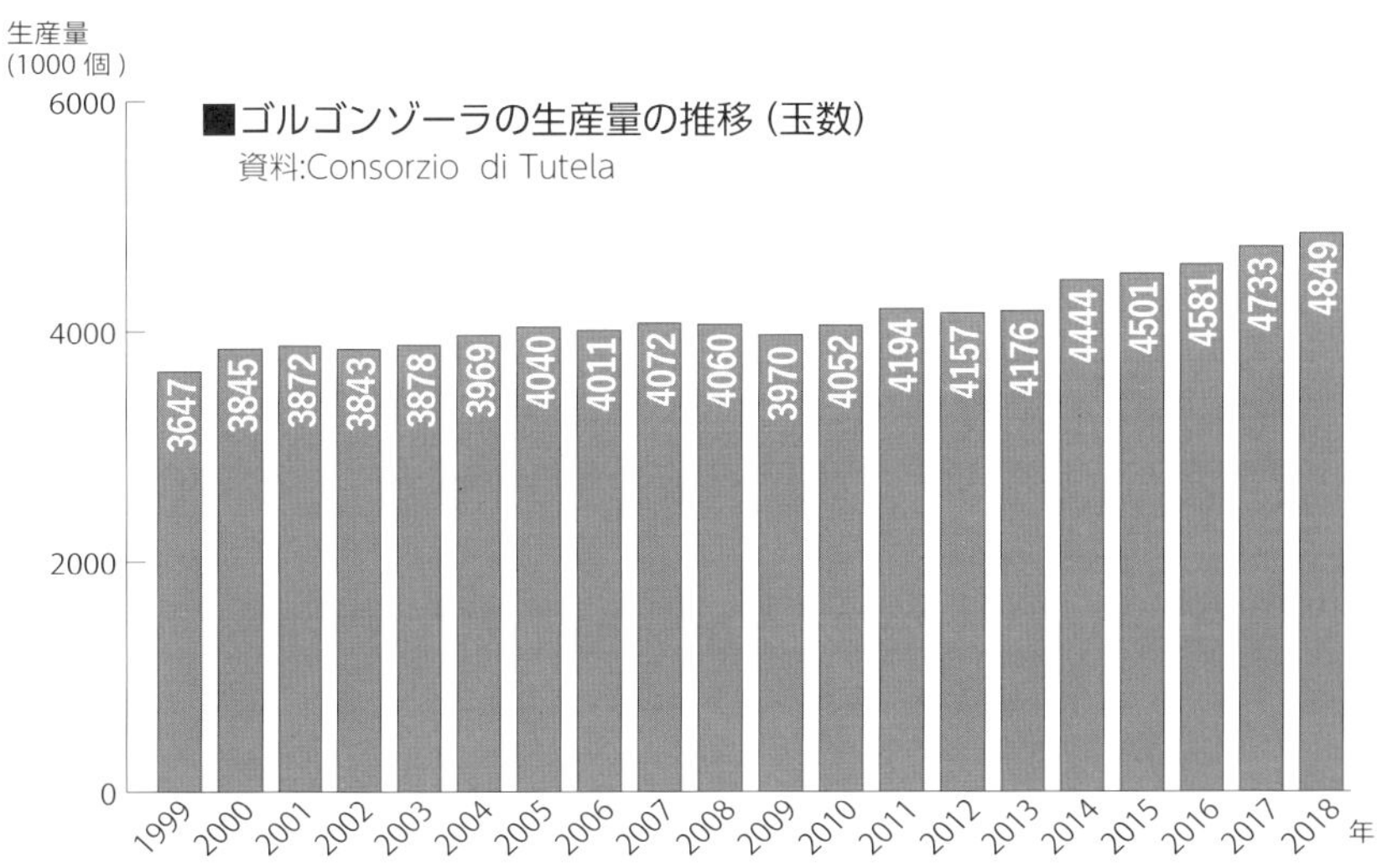

見るからにクリーミーで青カビも少なめのドルチェ（左）と、刺した針の道に沿って青カビがよく育っているピカンテ（右）。

いるのです。町の人のためには様々な物売りも出ていれば、ポレンタも供されていました。その一画で専門家たちによるブルーチーズの審査も行われています。

ゴルゴンゾーラのメーカー数は一時期、70と聞きましたが、最近ではその数も減り、ブランド数で数えても40を切るほどで、工場は約30軒。指定された地域内の農場は３０００軒ほどといいますから平均すると1工場が１００軒の農家からミルクを集めていることになります。ゴルゴンゾーラ全体の生産量も増えていることから、ここもやはりメーカーの大型化、巨大化が進んでいるようです。

生産量の30％以上は海外に輸出されていて、ドイツとフランスがそのうちの50％を占め、そのほかには欧州、アメリカ、カナダ、アジア、オーストラリアと世界中に輸出されています。ＥＵ以外では日本が際立った成功をおさめ1位、次がアメリカだといいます。

輸出量は２０１０年から右肩あがり。対日本への輸出量も２０１７年が約４００トン、２０１８年が約５０３トン、２０１９年もさらに伸びているといいますから、輸入されているブルーチーズの中でも断トツの人気でしょう。

ドルチェとピカンテ。それぞれの場面

フェルミエでは最初のイタリア訪問を機に、フランス経由ではなくイタリアから直接、

とろとろドルチェは不動の人気。プロモーションではこれをすくいとってカップに入れ、「クレマ・ディ・ゴルゴンゾーラ」と名付けました。

「ドルチェ」と「ピカンテ」の2種類をちゃんと自分の眼で見て、その両方を日本に入れるようにしました。当時、現地でつくっているのもドルチェが圧倒的に多く、ゴルゴンゾーラと言えば、誰もがドルチェが常識と思っていました。でも、だからこそ私はぜひ、「ピカンテ」押しでいこうと戦略を立てました。当社はレストランに卸すことが多く、レストランとしてはお客様に出して崩れにくいチーズが好まれることはわかっていましたし、ブルーチーズファンは青カビがみっちりと入っているほうが嬉しいからです。

おかげで、ゴルゴンゾーラ保護協会のデータでも生産の9割はドルチェだというのに、当社に限っては「ピカンテ」比率7割で走ってきました。日本市場の中でもめずらしい存在だと思いますが、それでも食べ手の多くはやっぱりドルチェが好きなんだなと実感することが最近ありました。それは、月ごとに企画しているプロモーションとして、流れ出さんばかりにとろとろのドルチェを大きくすくってカップに詰め「クレマ・ディ・ゴルゴンゾーラ」として打ち出したときの反響の大きさです。

ゴルゴンゾーラ保護協会のプロモーションビデオでも見ることはできますが、イタリアでは流れんばかりにとろとろのドルチェにスプーンを、または野菜を差し込んでゴルゴンゾーラをがっつりすくい取って食べる、などというのはとくに新しいことではありません。でも、日本ではそれだけでも「わ、なんて贅沢。やってみたい」とたくさんのお声をいただくのです。都内のある老舗食料品店では、ゴルゴンゾーラを上下2分の1に切っただけの丸型を置き、そのそばにとろ~りゴルゴンゾーラをカップに詰めて置くと人気が絶えないと聞きます。

こうしてみると、ゴルゴンゾーラの可能性はまだまだ広がりそうです。優しい味わいのドルチェはそのままソースにもなれば、きっとこのあと和食の世界にも入っていくでしょう。一方、ピカンテは、イタリアの老舗メーカーの4代目が教えてくれたように、ワインと楽しむブルーチーズとして、これからもっと大人の世界に広がっていくことでしょう。

そして、今はまだ生産量が少なすぎて日本にまで届きませんが、ゴルゴンゾーラの原点であるストラッキトゥンの存在も忘れることなく、食べ物の歴史、自然界の不思議さをかみしめていけたらと思います。

Parmigiano Reggiano

パルミジャーノ・レッジャーノ

1 日本人、粉チーズに出会う

粉チーズの正体

粉チーズと聞いて、いまの日本で知らない人がいるでしょうか。かつてパスタのある店には必ずと言っていいほどテーブルに置いてありましたが、いまや家庭の常備品になりました。最近では食べる直前にパスタの上に塊からすりおろしてくれるお店も出てきて、こんなに芳醇な香りのチーズだったのかと気が付いた人も多いことでしょう。塊があるなら、とスライサーで薄く削ってサラダやカルパッチョの上にヒラヒラとかける、というおしゃれな姿も見るようになりました。けれど、さて、このチーズの元の姿って、想像したことがおありでしょうか。この粉チーズの本名が「パルミジャーノ・レッジャーノ」というチーズだとご存じの方は、いったいどれだけいるでしょうか。たいていは細長い筒に入って、パッケージには「パルミジャーノ・レッジャーノ」ではなく、「パルメザンチーズ」と書かれていました。同じもの？ 違うもの？その話はあとにするとして、ここは「粉チーズの元の姿」のお話に戻りたいと思います。

チーズの1個というと、カマンベールやモッツァレラのようにだいたい片手で持てる程度のものを想像するかもしれません。でも、粉チーズの元になっているこのチーズは1個40キロという巨大で硬い太鼓形です。ひょっとしたら写真で見たことがあるかもしれませんが、本物を目の当たりにすると、食べ物とは思えないスケール感に驚くと思います。

大きくて硬いチーズと言えば、一般的には山のチーズです。長い間雪に閉ざされる山岳地帯は、長持ちするようにミルクを固めたら水分をしっかり抜いて、大きく硬くつくって冬のタンパク源とします。アルプスの少女ハイジに出てくる、暖炉であぶって溶かすタイプのチーズがイメージに近いかもしれません。でも、パルミジャーノ・レッジャーノというチーズの大きさはその比ではありません。

一役買ったアメリカ移民

そもそもイタリアには夏に硬くつくって、冬に少しずつ食べる山のチーズがたくさんあります。そんななかで、なぜこのチーズがこんなに有名になったのでしょう。

歴史をひも解くと、その理由は生まれた場所と環境にありました。つまり広大な牛の飼育に向く土地があったことに加え、水の便、交通の便がよく、近くに文化都市がいくつも発達したエリアのチーズだったこと。これがほかの山のチーズたちから一歩先んじた理由です。でも、もう一つの大きな理由は、輸送に便利なタイプだったからではないでしょうか。輸送、つまりイタリアからあちこちに出て行った移民たちが運びやすい、硬くて常温下でも傷みにくくスケールメリットも大きなチーズだったおかげで、船に乗せて全世界に紹介されたことが今日の名声を作ったのだと思います。

イタリアはご存じの通りパスタの国です。小麦粉ベースのパスタ生地には場所によっては卵が入っていたり、そば粉が入っていたりしますが、そこにただ、おろし入れるだけで味をグンとよくしたのがこのパルミジャーノ・レッジャーノでした。もちろんイタリアの北にも南にもチーズはたくさんあります。でも万人受けする美味しさで、扱いやすいチーズだったからこそ、多くの移民たちが目指すアメリカまで運ばれました。そして、アメリカでも牛を飼ってチーズをつくろうとしたとき、つくりたかったのがやっぱりこのチーズ。故郷の懐かしい味の必需品として再現されたのだと思います。

19世紀、これをアメリカの大手乳業メーカーのクラフト社がビジネスとして着目します。円筒形のパッケージに粉におろしたチーズをつめて卓上用の「パルメザンチーズ」として販売し、大成功を収めていくのです。日本に来たのは1971年、森永乳業が広めました。

1970年代の日本と言えば、マカロニグラタンやケチャップ味のスパゲッティにこの

粉チーズをかけることをアメリカに学んでいたころだと思います。筒に入った粉チーズが酸化していても、固まっていても判断が付かず、とにかくスパゲッティにはパルメザンという筒に入った粉チーズをかけるものだと必死で筒をふったものです。

味は知っても、名前は・・・

日本は、1970年の大阪万博で西洋食文化を一般消費者が目の当たりにし、1973年に変動相場制が導入されると、それまで高嶺の花だった海外の美味しいものを少しずつ楽しむようになってきます。

1980年代のバブル時代になると、日本はさらに西洋食文化を広く深く経験していくようになります。貿易は一層自由になり、第一次ワインブームでワイン文化が花開き始めたのはこのころです。フランスで本物の味を体験し、料理修行してきた人たちが日本に戻ってホテルや本格的なレストランで次々と活躍する時代になりました。私が独立してチーズの輸入ビジネス始めたのは1986年でしたが、欧州帰りのシェフたちに求められるレベルは高く、それだけにフランスやイタリアから本格的なものを取り寄せる甲斐もありました。とはいえ日本にとってイタリアチーズはまだまだマイナーな存在でした。

1990年に差し掛かるころ、バブル景気ははじけますが、日本人は一度覚えた美味しいものを手放すことはありませんでした。

その一方で、パルミジャーノ・レッジャーノの名前はそれでもまだ、一般的にはなっていませんでした。私が初めて丸形の原形を見たのも、会社を創業した頃になってからだったと思います。

粉チーズは使うけれど、それはもともとどこの国のチーズなのか、もとはどんな形をしているのか、名前は何語なのか？味は知ってもその正体までは人の関心もまだ目覚めていない時代は結構長かった気がします。


この自然な断面が見られる切り方を「ロックカット」といいます。

2 大玉チーズをどうやってカットするのか

大玉がカットできない!

パルミジャーノ・レッジャーノを日本で初めて玉（原形のまま）で輸入したのは三菱商事で、1980年代前半です。当時、チーズの大玉を丸ごと輸入する会社は珍しい存在でした。日本国内にそれほどチーズ需要が高くなかったからです。したがってホテルで比較的需要が高かったスイスのエメンタールの原形は一個70~100キロの車輪形、グリュイエールは30~40キロの円盤形という大型ですから、本国ですでに数キロ単位にカットされ、真空包装のブロック状で輸入されていました。また、当時オランダのゴーダ（1玉12キロの円盤形）やエダム（1・5キロの球形）はすでに世界的に知られる存在でしたが、ピザ用のゴーダは伝統の円盤形のほかに表皮がないスクエア（15キロの直方体）のものが入っている時代でしたし、粉チーズ需要に対してはエダムの粉がパルミジャーノの代用として当たり前に流通していました。

私もナチュラルチーズ専門店をオープンした当初はパルミジャーノは国内から仕入れていました。このころ、1玉の重さは平均38キロ。これが届いても店内の冷蔵庫に運び入れるのは本当に大変でした。少し室温に置いておくとチーズの表面は汗をかきはじめますから、ツルツルと滑りやすい。足の上にでも落としたら、間違いなく骨を折ってしまいます。冷蔵庫は一番下に入れましたが、置いておくだけでもプラスティックの棚が割れないかと心配するほどでした。このチーズの扱いだけは、男性の力を借りないとどうにもならない仕事でした。

さらに困ったのが、販売のためにカットする作業です。ノコギリでガリガリと外の皮に切れ目を入れ、そこにチーズカット用のワイヤーを入れてクイーッと引っ張るのですが、そのワイヤーがすぐプチッと切れてしまう。何本も何本もプチっと切れて、切れて、だめにしたワイヤーは数知れず。当時はフランスチーズ用のフランス製の細いワイヤーしか持っていなかったのです。それに、イタリア現地がどうしているのかも、全く知りませんでした。玉の大きさは尊敬するけれど、切るのはほんとうに大変。女性が太刀打ちできる仕事ではないなあ・・・と思う日々でした。

パルミジャーノ・レッジャーノをかたどった看板。

パルマで見つけたカット台

そんなある日、毎回このチーズを1キロ単位で買っていく長本和子さんが、今度仕事でイタリアに行く、パルミジャーノ・レッジャーノの製造所にも行く予定だから一緒にどうか、と声をかけてくれました。1987年のことです。ツアーはイタリア食品を手広く輸入しているモンテ物産のコーディネートで、ワイナリーやパルマの生ハムの工房、そしてパルミジャーノ・レッジャーノの製造所に熟成庫と、食の専門家向けにぎっちりと内容濃く組まれていました。そしてそのとき、パルミジャーノ・レッジャーノを案内してくれたのが同協会のレオ・ベルトッツィさんという方でした。

パルマの町ではパルミジャーノをかたどった看板を次々と見かけては興奮し、町中央のガリバルディ広場に並ぶ建物の壁がシックな黄色から茶色と、まるでパルミジャーノ色に統一しているかのような美しさにも感動。チーズの製造所も熟成庫もスケールが大きく、すっかりハイテンションになった私はレオさんにくっついて質問攻めにしていました。さらに販売所ではパルミジャーノ・レッジャーノをのせてワイヤーをかけ、ハンドルをくるっと回してチーズをカットしている大きなカット台に目が釘付けです。さすが本場は道具も違うと感心しました。

帰国すると、さっそくレオさんに礼状を書きました。そしてその手紙のなかで旅行中に見かけたワイヤーカッターを購入するすべをたずねたのです。すると、しばらくして届いたのは、手紙ではなく大型ワイヤーカッターそのもの。パルミジャーノ・レッジャーノの営業にもつながるこのプレゼントには、さすがに感心してしまいました。

「うれしいです。パルミジャーノをぜひ、日本でも積極的に売りますね」。

ファックスでそうお礼を送ったのが1988年です。であれば、パルミジャーノ・レッジャーノも国内で仕入れるのではなく、ぜひ、現地から直接自分が引いて売りたいと思うのが人情です。そうしてその翌年の1989年5月、再びイタリアへ赴き、そこで協会のレオさんからパルマの街にあるビエンメ社という熟成・販売業者を

看板はかなり大きいものでした。

パルマのガリバルディ広場はいつも人であふれています。
パルマの観光拠点であり、ショッピングも楽しめて、その
うえ建物はどれもパルミジャーノ・レッジャーノ色です。

パルマ大聖堂（左）と
洗礼堂（右）も近くに
あります。

紹介されました。社長にお会いして説明を聞き、この方ならと早速話は進みます。けれど、ビジネスは慎重にスタートです。まずこういう時は銀行に口座を開いてこちらが担保を置くところから。そして日本に物が届いたと連絡したら銀行からイタリア側にお金が支払われるシステムです。

最初に輸入したのは、まだ商売も小さかったのでほんの20玉ほどでした。とはいえ、横浜港に着いたチーズがいきなり都内の小さなショップに届いても保管場所はありません。困っていたら、知り合いの大手飲食店の社長から、ご自身が借りている冷蔵倉庫の一角に置いていいよと救いの手が差し伸べられました。お礼は社員さんたちにチーズのレクチャーをすること。今思えば、そんな温情の貸し借りができる、ほのぼのとした時代だったのです。

専用の道具は画期的

さあ、届いたパルミジャーノは早く売ってお金にしなければなりません。大型ワイヤーカッターの出番です。専用のカッターはやはり画期的です。切りたての香りをできるだけ失わないうちにお客さんに届けたい。その一心でチーズに最初の切り目を入れるところから戦いはスタートです。先に支払った分を回収したら、また次のお金を口座に積んで次のチーズを注文する。その繰り返しで信用を得て、通常の取り引きができるまで3年ほどかかったでしょうか。そのあとも、ワイヤーカッターは何台も買い換えました。今ではその存在は当たり前のように思われていますが、モノには専用の道具が大切ということを身をもって体験した懐かしい思い出です。

こんな道具話は、考えてみたらフェルミエが小さな会社だったからこそ、エピソードになるのです。もし大きな会社だったら電動マシーンでたーっと切ってパックして、ピュッ、ピュッと流れ出てくるのが当たり前だと思い、そんな機械を持っている工場を探したかもしれません。でもこの大きなカット台が一台あるおかげで、他のスイスやフランスのハードタイプチーズもなんなく切れるようになり、とても助かりました。

私はチーズビジネスを一から始めましたから、道具にはいつも苦労してきました。だからこそ「伝統のものにはそれぞれ先人の知恵がこもった道具がある」ということを知りました。そしてそれだけでなく、手仕事の道具には、とても素敵なギフトがついてくることも知りました。この場合は香りです。パルミジャーノ・レッジャーノを割った時（協会の人は、これを「オープン」と言います）に立ち上る芳醇で華やかな香りを初めて体験したときの感動は今も忘れられません。その豊かさは、この道具を使う人にだけ与えられるギフトだと、私はつくづく思うのです。

パルミジャーノ・レッジャーノと付き合って、つくづく道具の大切さを知りました。写真は現在当社の店舗裏で使っているもので小型ですが、レオさんが送ってくれたのはこれよりやや大きく、赤く塗装した鉄製のものでした。ハンドルを回せばチーズにかけたワイヤーが食い込んで、硬いチーズもスパッと切れます。

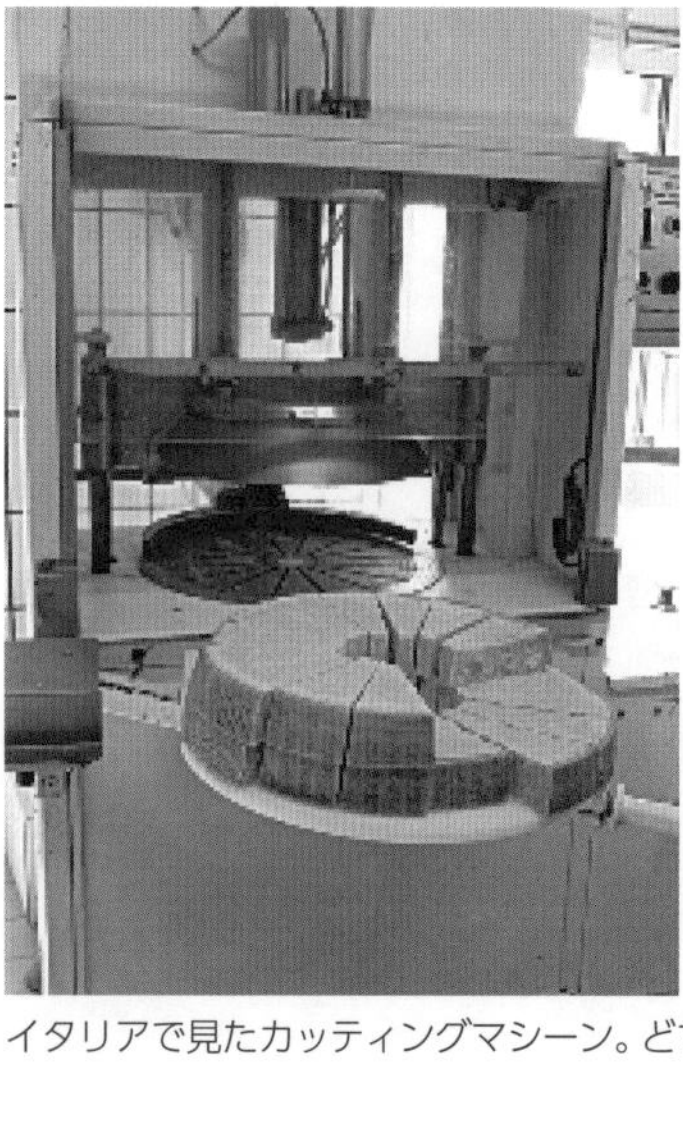

イタリアで見たカッティングマシーン。どちらも40キロの硬質チーズがたやすくカットできます。

3 香りも味も、最高を楽しむなら、常温

硬いチーズでも、切れば劣化は早い

ところでこのチーズ、故郷イタリアでもアメリカでも「粉チーズ」として料理にたっぷり使われますが、日本に玉でやってきた本物を、いきなり粉にするのはちょっともったいない気持ちにもなります。傷つけるほどに香りは飛ぶのですから、本来の美味しさに感動してもらいたいと思っている販売元としては、レストランにはできるだけ大きな塊をお勧めしています。つまりキロ単位です。

チーズはカットするとどんなにラップで包んでも酸化は防ぎきれません。もちろん断面を削れば鮮度は多少戻りますが、やはり一度空気に触れた表面は劣化が進みやすいも

1玉を水平に半分に切って中に料理を入れるプレゼンは最高に美味しそう。でも、器の使用期間は1週間以内であってほしいものです。

のです。「硬いから劣化が遅い」と思うなかれ、です。それもこれも、切りたての素晴らしい香りを知っている者だからこそ、言わずにいられないのです。

レストランなどでパルミジャーノ・レッジャーノを半分に切り、中を掘ってリゾットなどを入れ、サービスしている風景をよく見ますね。すごくかっこいいし、美味しそうです。でも事情を知っている者からすれば、少し不安もあります。「それって、いつ切ったものなのだろう」と。毎回、中をふく程度だと、味はどんどん落ちています。産地がどうとか、牛種がどうなどとこだわる以前の問題です。ぜひ、毎回チーズの表面を削り取ってきれいにして、さらに一週間も使ったら、かち割にしたり粉にしたりして使い切ってほしいなと思います。

一方、一般家庭で半割りやキロ単位の購入は無理でしょう。少量の真空パックで買う日本は、だからこそ、正しいといえますね。そして、一度真空パックから出したら、ラップくらいでは冷蔵庫の匂い移りはなかなか防げません。口を切ったら早く使い切る。たとえ硬いチーズでもこれに尽きるのです。

ハードチーズの美味しい温度

ところで、日本ではチーズはなんでも冷蔵庫保管が当たり前だとみんな教育されています。でも、イタリアにはハードチーズを冷蔵庫に入れるという感覚があまりありません。気温は日本とそれほど違わないのに、です。イタリアではハードチーズはいつでも常温で食卓の上にあって、好きな時に食べるもの、という扱いです。ですから現地のチーズショップでも、常温（室温）の入り口付近にパルミジャーノ・レッジャーノが何個か積み上げられていたり、カウンターの向こうの壁側にも、やや小ぶりのハードチーズが塊のまま裸で陳列されていたり、といった風景は珍しくありません（ただし、店の入り口付近に裸で置くようなことは、今ではないと思います）。

海外の美味しいものを紹介するとき、食べ合わせを気にするのと同じくらい、現地の人がどう扱ってどう食べているかを知るのも大切です。イタリアの家庭ではチーズにハエ除けのカバーをかけてテーブルの上に無造作に置いてあって、それぞれが好きな時にパクッと口に入れる。それがとても自然に見えました。美味しく食べる食べ方を代々、日常の生活を通して知っている彼らは、美味しい温度一つでもよく知っています。それは、ほぼ常温ということです。適温は常温。常温が最もフレーバーが豊かで、口の中に広がる味もよくわかるのです。

考えてみれば、ひと昔前の日本も常温が当たり前でした。人類史の中でも冷蔵庫のなかった時代が圧倒的に長いのですから。でも、それだけにチーズも漬物も梅干しも、今より塩分が多めだったことは事実です。逆に冷蔵庫があればこそ、塩分を減らして薄味につくれるようになりました。それでも、風味はやはり常温にはかないません。

チーズに風邪をひかせないで

私がチーズの仕事をするようになってよく口にするのが「チーズに風邪をひかせないで」という言葉です。これは何度だとだめだ、表面や断面がどうなったらだめだ、という話ではなく、冷たすぎるところから急に室温に出された、と思ったらまた冷蔵庫で冷やされて、といったことを繰り返すチーズ扱いを心配して言っている言葉です。データをとったわけではありませんが、こうした扱いをしたチーズは経験上、酸化が進み、冷蔵庫臭もつきやすくなっているように感じます。

では、どうしたらよいのでしょう。まずイタリアから日本に来るまでのように長期輸送の場合は低温(2~4℃の冷蔵コンテナで約1か月半)も理にかなっていると思いますが、いったんお店などで日常的に冷蔵庫から出し入れをする状況になったら冷蔵庫は10~12℃程度がよいのです。一般家庭で室温が15~20℃くらいの環境なら、キャンディボックスのようなものにコロコロに切って入れておき、ちょいちょいつまめるのが理想的だと思っています。

日本は心配性なのでしょうか、現代では何でも冷蔵庫というようになりました。とりわけ新しい文化として接しているチーズに関しては、なぜか絶対一年中すべて「冷蔵」を指示します。

話はフランスに飛びますが、戦後、パリの胃袋としてたくさんの食べ物をさばいてきたレアールの市場では、チーズはほとんどすべて常温下に置かれていました。１９６９年、高速道路の発達や輸送規模の拡大などからオルリー空港近くのランジスに、近代設備を整えた巨大市場（ある程度の空調は効いている空間）として再スタートしてもなお、夏冬など気温差のある時でも冷蔵保管するチーズはわずかで、それ以外のほとんどは室温下で取り引きされています。

日本人が憧れるフランスのマルシェ

カウンターの奥の棚にもハード系チーズが常温で並びます。

でも冷蔵文化は進んでは来ましたが、それでもまだまだチーズは常温で、それも裸で売られているのをよく見ます。ＥＵが統合されて昨今は衛生基準が厳しくなってきたとはいえ、ハード系チーズは軽くラップでくるんでいる程度です。

しかし、フェルミエがオープンした１９８６年当初、フランスの殺菌されたワラを日本に輸入してショーケースの中に敷き、フランスに学んだ通りチーズを裸で並べたら、即刻同業者に忠告されてしまいました。ワラがだめ、それ以上に食品を裸にして並べるのがだめ、とのことでした。でも、日本のパン屋さんやお総菜コーナーを見ても裸陳列は違法ではありません。細かいことは日本人の心情に合わせたとしても、原点はチーズ伝統国のチーズ専門店やマルシェで美味しそうに胸を張って並んでいるチーズたち。あの姿を思いながら店づくりができるといいなと思っています。

現地ではパルマのプロシュットと一緒に販売されるシーンをよく見ます。

店内のテーブルの上にはパルミジャーノ・レッジャーノがどんと置かれています。最低でも1kg以上の塊がどんどん売れるのです。

4 H《ハ》A《サ》C《ッ》P《プ》導入とチーズの衛生管理

厳しくすればいい？

日本に限らず、世界は時代が進むほどに衛生基準が厳しくなっています。まもなく日本でもHACCP《ハサップ》の導入が小さなお店にまで義務付けられていきますが、HACCP《ハサップ》というのは、自分たちで衛生基準を決め、それをどう守るかといったシステムであって、何度で何を何回する、などといった具体的な決まりごとがどこかにあって、それを全国の全業態が同様に守る、ということではありません。もちろん国として決められたベースの衛生基準はありますが、詳細は、実際にはその現場で働く自分たちで作るものです。そのとき、チーズ文化が十分熟していない日本市場のこと、さまざまなチーズを同一に考え案じて、何でも最大限厳しく取り締まっておけば安全だ、いいことだ、と勘違いするところがたくさん出てこないか、と心配しています。

確かに、製造現場は微生物を扱っているのですから厳重な管理体制が必要です。異種の菌が交ざったり、有害物質や異物が食べ物に混入するなどということはあってはなりません。ここは厳しく決まりごとを作り、きちんと守る意味もあります。

しかし、その同じ考え方が熟成現場にも必要でしょうか。衛生的にと服装や出入り基準を決めるとき、熟成庫にちょっと様子を見に行くだけでも重装備、となったらチーズの食べごろの判断はいままでよりずっと手間がかかるか、手が抜かれるか、です。確かにフレッシュなもの、水分の多いものは菌に侵されやすいですが、ハードタイプに仕上げて3か月も熟成させたものまで同じようには汚染されません。かといって、「熟成」という現象を過大評価して「長期熟成しているものはなんでも安全」と唱えるのも間違いです。チーズ先進国の事例や科学の基礎知識をもっと集めて、「チーズを美味しく」に加えてプロとしての常識を持って「チーズを安全に」届けられる人が増えることを切に願います。

ひとつ、具体的な事例をお話しましょう。チーズで話題になるリステリア菌についてです。これはどこにでも広く存在する常在菌ですが、健康な成人であれば大量に摂取しない限り食中毒も発症しませんし、加熱すれば死滅することもわかっています（厚生労働省HP参照）。ただソフトタイプのチーズに繁殖しやすい菌で、繁殖しても無味無臭なため、なかなか汚染されていることがわかりません。過去、いくつかのチーズで発見されて輸入（輸出）さし止め、販売禁止といった苦い経験をチーズ関係者は持っています。こういった経緯から、フランスでは無殺菌乳でつくるチーズ（シェーヴルや白カビ、ウオッシュタイプの一部）は原料乳の検査をとても厳重にしています。そしてそのうえで妊婦や乳幼児、あるいは免疫力の低い高齢者などには食べないように注意喚起もしています。

一方アメリカは、熟成2か月以内で食べはじめるチーズに無殺菌乳は使用禁止、さらに輸入制限もしています。オーストラリアもニュージーランドも同様に厳しい基準を設けています。日本ももう少しチーズ文化が深まってくると一つ一つのチーズの原料乳、熟成期間などに細かな指標で線を引いて、それをもとにＨＡＣＣＰ《ハサップ》の決まりごとを作れるようになると思います。それでもどうしても回避できないリスクをはらむものでも、移民などが「この味だけは」と手放せないなら、アメリカのように危険回避のできる代替品を開発するという手立てをとるのも一つでしょう。

情報収集をして、チーズごとの対応を

チーズの経済規模が圧倒的に違う日本で、そこまではまだ難しいかもしれません。しかし、そこに疑問を持って少しずつでも調べ、発信していくプロが増えないと、すべてのチーズ現場に網をかけ、制約を厳しくする過剰防衛が続き、結果的に食べ手のためにならないだけでなく、販売者、輸入商社にもデメリットが跳ね返ってくるような気がします。

日本でも、妊婦に「ナチュラルチーズは全部だめ」というのではなく、「無殺菌乳製のソフトタイプは避けて、加熱圧搾タイプのハードタイプなら大丈夫ですよ。」と指導でき

る医療関係者や健康アドバイザーが増えてほしいものです。さらに欲を言えば「中でもパルミジャーノ・レッジャーノやグラナ・パダーノは脂肪分も少ないうえにカルシウムも豊富で、旨みが凝縮しているのでおすすめですよ」とまで踏み込んでもらえるともっとうれしいですが。

パルミジャーノ・レッジャーノの有効性は、NASAが宇宙に持っていくことを許した最初のチーズだということでも証明できると思います。もともと宇宙飛行士のカルシウム摂取不足を懸念してイタリアの医師が推奨したのが始まりだそうです。それも、このチーズを食べる宇宙飛行士グループと食べないグループとに分けて効果が実証されたのを受け、最初は1996年にイタリア人飛行士が持っていきます。また2000年のロシアのミッションでも採用されました。その後、ロシア飛行士のリハビリで採用した結果報告から、このチーズは①消化しやすく、②吸収されやすいカルシウムを多く含み、③保存料や添加物が一切使われておらず、④美味しいという点が注目されたそうです。

NASAほどのデータではないにしろ、何百年という経験値から低めの室温なら常温保管できるほど丈夫で長持ちできるとされたチーズです。このチーズで体調を壊したという人の話はさすがに聞いたことがありません。

災害の多い日本でも、防災食として、また、生活必需品として真空パックでどこの家庭でも常備される日が来てもおかしくないと思います。

5 「パルミジャーノ・レッジャーノ」と「パルメザンチーズ」

「パルミジャーノ・レッジャーノ」呼称のいわれ

さてここで、はじめに保留にしていた「『パルメザンチーズ』と『パルミジャーノ・レッジャーノ』は同じか、違うものか」についてお話ししましょう。

答えは、同じでもあり、違うものでもあり、です。

そもそもこのチーズの歴史は、北イタリアのエミリア・ロマーニャ州にあるエンツァ川の両岸でつくられていた大型の硬質チーズに始まります。片方の岸がパルマ県、もう片方がレッジョ・エミリア県。時代が下っていく中で周辺地域の評判を呼び始めたこのチーズは、パルマ産であれば「パルマ産の」「パルマ地方の人」という意味の「パルミジャーノ」という呼び名で、レッジョ・エミリア県でつくられたものは「レッジョ地方の」「レッジョ地方の人」という意味の「レッジャーノ」という名前で呼んでいました。生産者たちは互いのプライドと利害をかけて反目しあうこともありましたが、どこでつくられたものかと

パルミジャーノ・レッジャーノの発祥は、このエンツァ川の両岸だったといわれています。

いう見分けは生産地以外の人にはわかりにくく、勘違いから混乱も生まれます。20世紀になると輸出を視野に、この両県はともに産地として協議を進め、幾多の変遷ののち、ついに1951年、北イタリアのストレーザで開かれた会議で協定を結び、原産地を保護することを目的に手を取り合うことにし、「パルミジャーノ・レッジャーノ」という名称に決定したのです。つまり、この時を持って、それまでさまざまな呼び方をされてきたこの太鼓形のチーズの正式名称が世界に向けて正式発表された、ということです。

続いて1955年、「パルミジャーノ・レッジャーノ」は当時のイタリアの原産地呼称統制制度DOCに認証されています。これは産地はもちろん製法から熟成期間、できあがりの直径、重さ、色まで「パルミジャーノ・レッジャーノがパルミジャーノ・レッジャーノであること」を保証するための約束事を公的に定め、それが国に認められたということです。そしてそれまで生産者で運営してきた組合を「パルミジャーノ・レッジャーノ協会」とし、この協会がDOCで規定したとおりにチーズが製造、販売されることを見守ると同時に国内外に向けて広報、販売促進をすること、そして、模造品の出現を抑制する任務も負うことになりました。つまり、協会が検査して条件を満たさないチーズはこの名称では市場に流通させませんし、この条件でつくられていないものに、この名をつけることもよしとしない、ということです。

１９６４年からチーズの側面に「PARMIGIANO REGGIANO」の文字を刻み込むようになったのも、その具体的な行動の一つです。

その後も規定は時代の変遷とともに微調整を続けていきますが、１９９２年の欧州連合（ＥＵ）の委員会を経て、１９９６年にはＥＵ共通の原産地呼称保護制度であるＤＯＰに正式に承認されました。このようにして、あの粉チーズの正体である「パルミジャーノ・レッジャーノ」は今日、世界市場に対して自分の名を、自分だけの名前として名乗るのです。

ＥＵでは「パルメザン」呼称は禁止。日本では・・・

では、「パルメザンチーズ」という呼称はどうなるのでしょうか。「パルメザン」という言葉は、このＤＯＰの登録以前からＥＵのなかでも複数国で「パルミジャーノ・レッジャーノ風のチーズ」の総称、一般名称として使われていました。しかし、いくつかの司法的判断を経たいま、「パルメザン」が「パルミジャーノ・レッジャーノ」を思い起こさせる以上、

EU内ではこの生産者以外の者が「パルメザン」の名称を使ってはいけないということに2008年に正式に決まりました。つまり、パルミジャーノ・レッジャーノ以外のチーズを粉にして「パルメザン」などと袋に表示する、などということは許されない、ということです。

では、この法律の適応対象外であるEU以外の国ではどうでしょうか。現在、英語名称の「パルメザンチーズ」と名乗るチーズはアメリカ、日本、そしてアルゼンチンなどでも生産されています。そして、すでに流通量の多い粉チーズの代名詞として普及していることから、本物のパルミジャーノ・レッジャーノと混同されないような表示である限り、この名称を使用してよいという例外措置が2017年にとられました。したがって、日本にはパルミジャーノ・レッジャーノではない「パルメザン」が存在してもよいという、なんとも中途半端なことになっています。

でも、実は、このパルミジャーノ・レッジャーノをこよなく愛している私でさえ、この長い本名は何とかならないものかと思っている一人です。声に出しても、文字にしてもこの名前の長さは不便ですよね。パルメザン、と言いたくなるのもよくわかります。現地でもパルマの人は、いまもパルミジャーノと呼び、レッジョ・エミリアの人たちはレッジャーノと呼んでいますが、実際にパルマのレストランでメニューにパルミジャーノとしか書いていないのも見ました。

ちなみに当社フェルミエではさらに短く「レッジャ」という愛称で呼んでいました。生産量はパルマ県のほうが多いのですが、協会があるレッジョ・エミリア県に敬意を表して、そしてレッジャーノというのはなかなか言いやすいので、だんだんそうなったのです。

でも、こんなことで問題になるなら、いっそ名前を変えて、産地を貫く古代ローマ時代からのエミリア街道に敬意を払って「エミリア」にすればいいのに、などとも考えています。そしてさらに言えば、私はかつて、日本にパルミジャーノ・レッジャーノの熟成室を作って「カーサ・エミリア」の女主人になることを夢見ていました。レストランの人たちがきて、「だれそれのパルミジャーノ、○年熟成を何キロ」と注文を受けたら「オッケー」っていってその場でカットして売るんです。楽しいだろうなあって。それは、今でも思っている夢です。

6 製造所は減っても、生産量は増えていく

生産現場は大型化の一途

少し、生産現場の舞台裏のお話をしましょう。

パルミジャーノ・レッジャーノの製造所は1980年代のはじめ、1200軒ほどと聞きました。私が初めてイタリアに行ってパルミジャーノ・レッジャーノ協会の広報マン、レオ氏に質問をした1987年当時には900軒、生産量は250万玉くらいと聞いたメモがあります。それから30年くらいの間で、最も驚くのが製造所の数の減少です。2000年には600軒を切り、「パルミジャーノ・レッジャーノのすべて」(フェルミエ刊)という書籍を作るために取材に行った2006年にはすでに500軒を切っていました。その後のデータはグラフ(P.106)の通りで、いまや330軒、つまり30年で3分の1、40年で4分の1です。

ところが、製造所は減っても、同じグラフにあるとおりパルミジャーノ・レッジャーノ

自体の生産量は増えています。食料生産は世界中どこもそうであるように、機械をどんどん導入していき、大規模化、効率化を図らないと生き残れない時代になっています。

また牛を飼ってミルクを搾る農場数も減っていますが、牛の頭数は増えています。つまり農場も大型になり、搾乳機も進化し、ミルクを集め、保管するシステム化も進んでいるということです。

チーズづくりも製造所の数が少なくなっているぶん、効率的にチーズをつくれるだけの機械化が進んでいますし、最近は1個の玉の大きさも大きくなっています。初めて私が輸入したころは38キロと申し上げましたが、最近は40キロ平均という巨大さです。人の手で運ぶのはとても無理ですが、今、熟成庫で周囲をふいたり上下をひっくり返したりする作業はすべてロボットですから、もうこうなると1個あたりを大きくしたほうが効率がいいのかもしれません。

チーズづくりの現場も、ミルクを温める鍋に、かつては一度に1000リットル入れると聞いていましたが、いまの鍋はもっと大きくなっています。できたチーズを運び込む熟成庫はもともと見上げるほど高い天井の大倉庫ですが、それを上から下までチーズを取り出しては磨いて、上下を返して元の棚に戻す、という作業を文句も言わず、腰を痛めるともいわず、もくもくとやっているのはロボットです。それも、かつては1個ずつだったのに2個ずつになり、今は同時に4個かそれ以上をこなすという強力パワー。こういった装置は行くたびに進化し、大型化していて、時代の流れの速さには息をのむばかりです。

昔を知りつつ、未来を信じる

でも、昭和の時代を知っている私としては、ときどき思い起こすんです。日本でもきっとイタリアでも、昔の農家にいた牛は農業の労力の提供者でした。人間はわずかな面積からかき集めた草を与えながら乳を分けてもらい、それを飲んだりチーズに固めたりしていたはずです。そして集落で協力してチーズをつくるなら、搾ったミルクは自分たちの手でチーズ製造所に毎朝運び込んでいたでしょう。それが時代を経て、耕作をさせない牛を何十、何百頭と飼うだけの専業になると、搾乳作業もある程度決まった時間にたくさんの人手が必要になります。そうなると家族労働だけでは足りず、従業員を雇うようになります。搾ったミルクはタンクローリーが毎日決まった時間に集めに来てくれれば牧場の負担はぐんと減ります。

家族経営から企業経営になれば働き手に休日ができます。今どきはバカンスも取れないような労働環境では人は集まりません。跡継ぎも育たないのでは産業としてはつぶれかねません。

■製造所の数と生産量の移り変わり

資料:パルミジャーノ・レッジャーノ協会

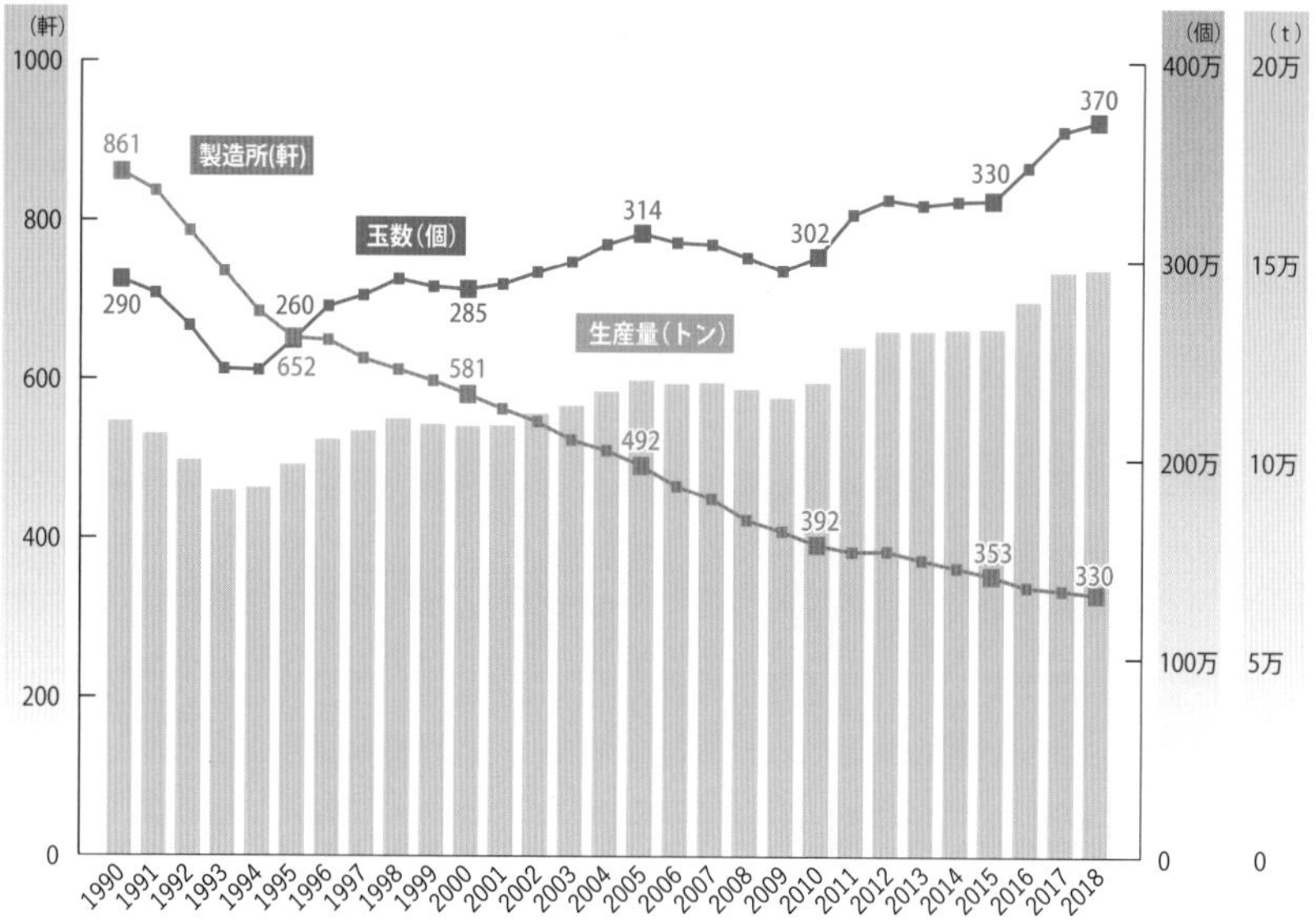

■牛の頭数と牧場数の移り変わり

資料:パルミジャーノ・レッジャーノ協会

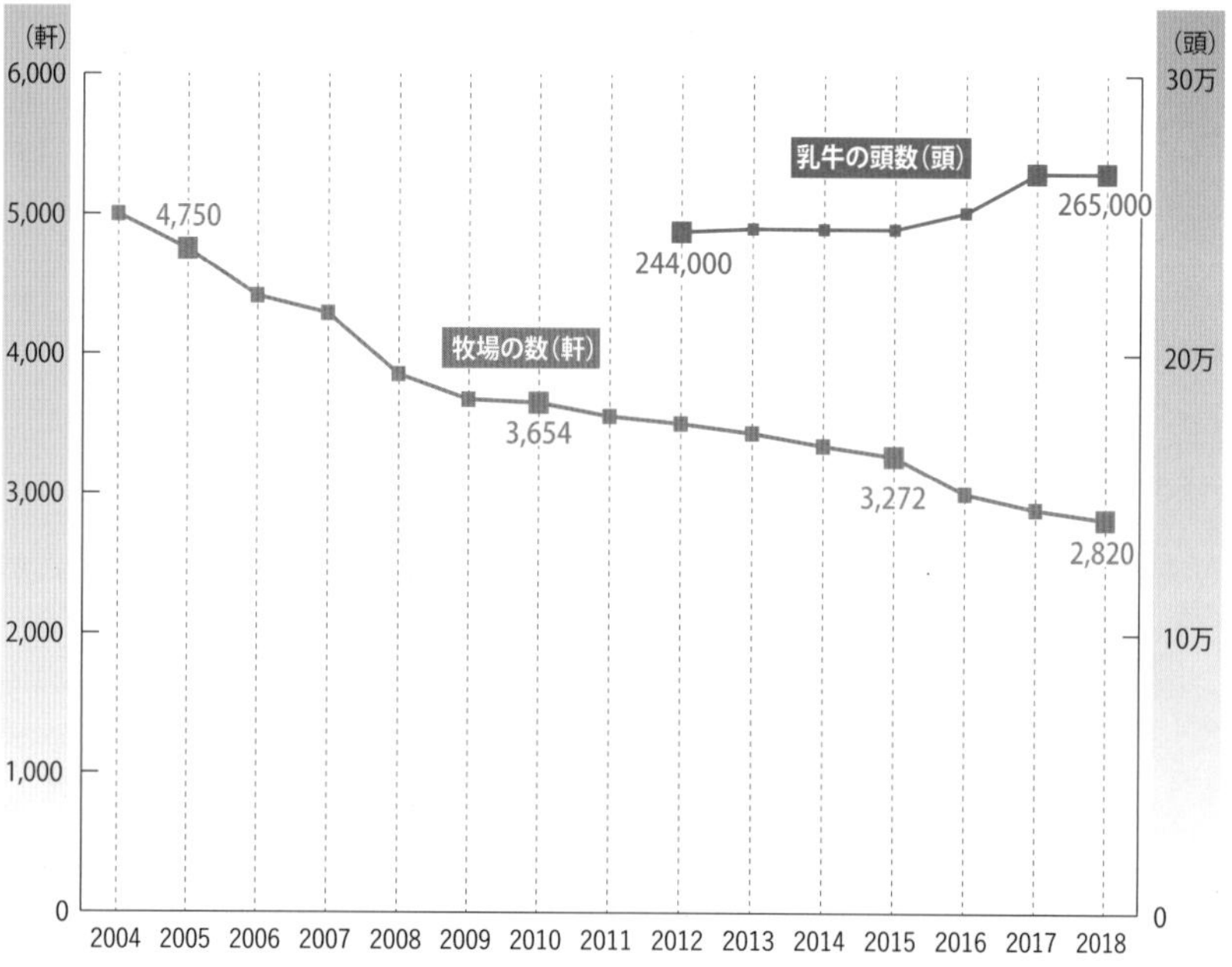

■パルミジャーノ・レッジャーノの玉の大きさの変遷
データ提供：Marino　ZANNONI
参考資料:「パルミジャーノ・レッジャーノのすべて」(フェルミエ刊)

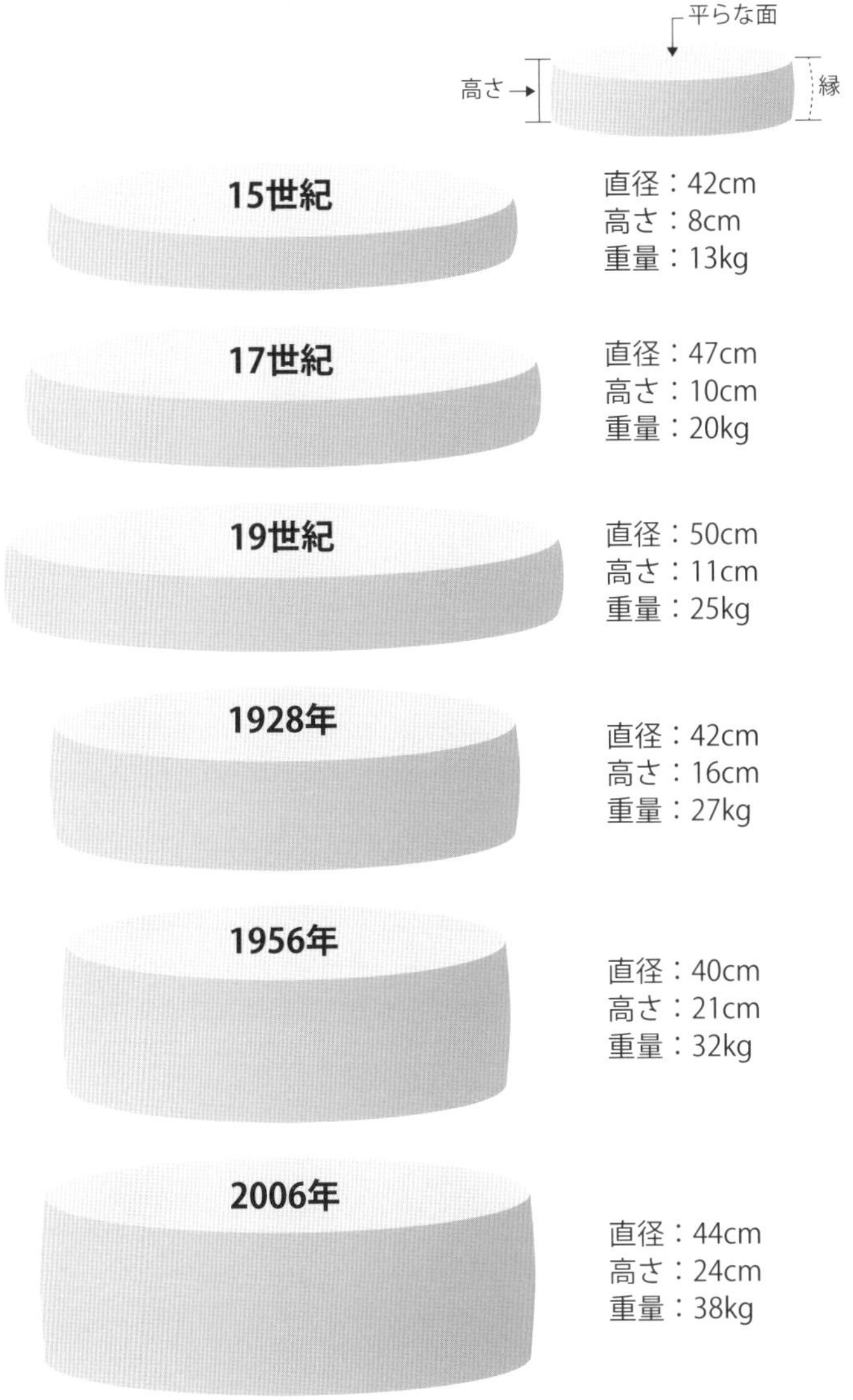

コトは発展しているのに昔を引き合いに出したがるのは、単なる哀愁かもしれません。現代の大型化、機械化の発展は決してミルクの質を落とすものではなく、それでいてみんなが大変な思いをしないで伝統をつないでいける素晴らしい知恵だと思います。何回も何回もイタリアに行き、製造現場を見て、牧草や牛をいかに健康に育てるかと情報を集め、科学的に考えている酪農家や生産者たちと話すほどに、それが21世紀を生きていく手段なのだと思うようになりました。

体育館のような熟成庫で働くのはロボットマシーン。1玉40キロのチーズを取り出しては周囲をふき、天地を返して元の棚に戻します。(写真：坂本嵩、2009年)

⑦ グラナ・パダーノはライバルか

姿はそっくり、味わいは別もの

パルミジャーノ・レッジャーノとそっくりで、よほど見る目がなければ、ほぼ区別がつかないのがグラナ・パダーノです。世界相手の名声ではパルミジャーノ・レッジャーノにかないませんが、実は生産量はイタリア第1位、第2位がパルミジャーノ・レッジャーノなのです。それでも一歩先にパルミジャーノ・レッジャーノが世界で名を成してきた要因は、協会の力強い広報活動だと思います。

一方で、グラナ・パダーノの生産量の多い理由は、指定産地がパルミジャーノ・レッジャーノの5県に対してグラナは5州33県にもまたがる広大な地域であること、そして製造方法の条件がパルミジャーノ・レッジャーノに比べて緩やかであることがあげられます。たとえば、パルミジャーノ・レッジャーノは前日のミルクと当日のミルクを合わせて1日1回しか製造できませんが、グラナは搾乳の1回分だけでつくってもよいし、1日2回つくっ

グラナ・パダーノ。
側面に彫られた協会のマーク
が識別の手掛かりです。

てもよいとされています。さらに熟成期間もパルミジャーノ・レッジャーノは最低12か月ですが、グラナは最低9か月で出荷してよいことになっています。つまりどんどん生産できて出荷も早いとなれば、それだけ経費がかからず、低価格で出荷できるのです。

　肝心な味わいを比較しても、どちらが優れ、どちらが劣っていると一概には言えません。熟成が長いパルミジャーノ・レッジャーノの風味が濃厚である一方で、熟成期間の短いグラナ・パダーノの味わいは優しく、食感もしっとりとしています。外観は似ていても、確かに別のチーズなのです。

グラナ・パダーノの極上の食べ方

　ところで、このしっとり感を生かして大ヒットしているグラナの食べ方があるのはご存じでしょうか。グラナの平らな上面に、板状の薄い鋼《はがね》を垂直に当てて、上面をしゅーっと薄く削り取るのです。レストランの一角でしゅーっ、しゅーっと音がして、ふわふわっとたぐり寄せられたガーゼかシルクのような薄いグラナが、お皿にふんわりと盛られていくのを見ると、我も我もと注文が続きます。そして、その口溶けの良さは、食べた人を一気に虜《とりこ》にします。こんなことができるのも、大きな断面と、しっとりさを残して1年程度の熟成で流通するグラナだからこそ、なのです。

パルミジャーノ・レッジャーノ。
側面には
PARMIGIANO-REGGIANO
の文字が彫られています。

グラナはもともと、パルミジャーノ・レッジャーノの生産地域とも重なるエリアで広くつくられていた同形の、粒状の組織の大型ハードチーズです。つくられてきた一帯は大穀倉地帯と言われるポー川流域のパダーノ平原です。このため2つのチーズの間で産地をめぐる論争があり、境界線を決めました。そしてこのあたりで「粒状」を意味する「グラナ」とパダーノ平原の名前から「グラナ・パダーノ」（パダーノ平原のグラナタイプのチーズの意味）と名称を決めて1955年、パルミジャーノ・レッジャーノと同じタイミングでDOCとなりました。

粉にして食べても、薄くそぎ取って食べても美味しいグラナは、いま、日本でも認知度が上がってきました。大きなプロモーションもしないのにここまで広がったのは、先に名を成したパルミジャーノ・レッジャーノでイタリア産ハードチーズに対する関心が耕されたからこそ、隣で静かにしていた少し若いチーズの美味しさ、手軽さにも関心が広がっていったのではないでしょうか。

パルミジャーノ・レッジャーノにあふれる特別感

私のビジネスでは、特別感のあるチーズを特別な日のために、という思いで世界の逸品を発掘してレストランや愛好家に届けようとしているので、どちらかというとパルミ

牛の飼料となる牧草のために村ごと有機指定を受けている一帯もありました。

ジャーノ・レッジャーノを深く探検して皆さんにお伝えしてきました。そして、パルミジャーノ・レッジャーノはその探検に値するだけの深いストーリーがここそこにあり、だからこそ、繰り返し何度もパルミジャーノ・レッジャーノの産地に通いましたし、土地の方々とも親しい関係が築けたのだと思います。

チーズ歴30余年の中で出会ったパルミジャーノ・レッジャーノには、まず原料乳は赤牛か白牛か、ブラウン・スイスかホルスタインかという牛種の主義主張がありました。さらには産地が山か、丘か、平地かの違いを大切にしなくてはならない、とアドバイスされることもありました。一時は最低12か月、平均24か月熟成で出荷といいながらも6年物、10年物がプレミア価格で話題をさらうこともありました。昨今は餌の牧草が有機栽培かどうか、凝乳酵素のレンネットを取り出すための子牛の賭殺方法まで確認してハラルの決まりにのっとっているかどうかというのも大切になってきました。あるいは、母牛が初産で、使ったのは出産何日目のミルクかという主張もあります。それほど食べ手の興味や要望が多様に掘り起こされているのです。現代に流通するパルミジャーノ・レッジャーノはいったいどれほどの顔を持っているのだろうかと、その百花繚乱ぶりに目が回りそうです。

私の場合、ここぞと紹介される生産者はできる限り訪ね、様子を自分の五感で確かめ、話を聞き、「こんなところで、そんな思いでつくっているのか」と感動すると「こんな人がつくったチーズこそ、日本に紹介したい」とスイッチが入って日本でそのストーリーを書き、そのチーズを紹介しては語るということを繰り返しています。でも、人は自分が実際にその山や現場に行かないとなかなか心が動くものではありません。ですから、ことあるごとにツアーを組み、同じように共感して、日本でもその感動を語ってくれる同胞を増やすこともしているのです。

パルミジャーノ・レッジャーノの極上の食べ方

さきほどは、グラナの美味しい食べ方をお話ししましたが、パルミジャーノ・レッジャーノも負けてはいません。塊が手軽に手に入る昨今です。グラナのようにしゃーっとは削れませんが、家庭用のハンドスライサーで薄くスライスすれば、カルパッチョやサラダ、オープンサンドにトッピングできて、粉よりしっかりとしたチーズ感が味わえます。

粉におろすと何にでも使えますが、オリーブオイルと混ぜ合わせてパンをつけて食べる、というのもおすすめです。もっと普段使いにするなら、茹でた枝豆にぱらぱらかけるのはいかがでしょう。

また、私が氷のように「かち割り」という言い方をしていますが、パルミジャーノ・レッジャーノの塊をザクッと大きく割ると、でこぼことした断面がなんとも美味しそうに見えて、ちょっと素敵な表情になります。そのままかじってもよいですし、バルサミコを垂ら

生産地のこだわり

広大な牧草地が広がる平野部。灌漑も進めやすく、早くから発展した歴史があります。

壮大な丘陵地。牧草の管理が行き届いていることに生産者たちの自負がありました。

山間部でつくられたものは「モンターニャ」と呼びます。自然の牧草の風味の良さと熟成環境の良さが特徴です。

熟成期間のこだわり

5年熟成のパルミジャーノ・レッジャーノ（グッファンティ社にて）。

左は一般的な2年熟成、右は8年熟成（グッファンティ社にて）。

パルミジャーノ・レッジャーノの生産地域はポー川の右岸、レノ川の左岸の狭い区域ですが、グラナ・パダーノの生産地域はこれを包み込むように北イタリア一帯に広がっています。

	パルミジャーノ・レッジャーノ	グラナ・パダーノ
		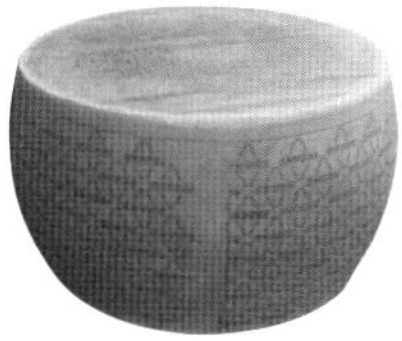
生産	●生産地域 ロンバルディア州パルマ、レッジョ、モデナ、ボローニャ、マントヴァの5県の指定地域。他所ではまねできない土壌、植物、気候をもつ限定地域内。 ●生産量3,699,695玉(2018年) ●牛の餌は、75%以上指定地域内。 サイレージなど発酵飼料は禁止。 ●生産、加工、包装まで指定産地内で行う。	●生産地域 北部イタリアの5州33県の限定地域内。 ●生産量4,932,996玉(2018年) ●牛の餌は75%以上指定地域内。 サイレージ使用可（トレント県産グラナは禁止）。 ●生産、加工、包装まで指定産地内で行う。
製造および熟成	●朝夕、1日2回の搾乳後の、それぞれ2時間以内に製造所に運ぶ。 生乳の温度を18℃未満にすることは禁止。 ●前日の夕方の乳は脂肪をとりのぞき、翌朝届けられた乳と混ぜる。 ●保存料は一切使用しない。 ●熟成は最低12か月。 一般的には、約2年、あるいはそれ以上の長い熟成をさせるに適した外観、食感、香りの特徴を備えている。	●朝夕、1日2回の搾乳後の、それぞれ24時間以内に製造所に運ぶ。 生乳の運搬は8℃以下で行う。 ●1回または2回分の搾乳した乳を脱脂してから使用。 ●植物性凝固剤の使用が認められている。 ●保存料はリゾチーム使用が認められている（トレント県産グラナは禁止）。 ●熟成は最低9か月。 通常9～16か月で販売される。
完成品	●中の組織はクリスタルの結晶。複雑な味わい。 ●かち割りで食べる。卸してサラダなどのトッピングに。	●中の組織にクリスタルの結晶はほとんどない。味わいはさっぱり。 ●薄くスライスして食べる。卸して料理に。
DOP基準	最低30kg/個 乳脂肪：最低32%	24～40kg/個 乳脂肪：最低32%

カッティングに必要なナイフはこの4本（3種類）。

していただくのもおすすめです。

このかち割りをもっと大掛かりにして見せるのが、パルミジャーノ・レッジャーノのカッティングショーです。日本全国で展開していますがご覧になったことはあるでしょうか。大きな塊を小さなナイフで解体していくのはなかなかの迫力です。

常温に戻したパルミジャーノ・レッジャーノは脂が浮いてきてツヤツヤと輝いて見えます。その脂をタオルでよく拭き取ったら木槌《きづち》で叩いて音を聞き、中の組織が均一であることを確かめます。次にカギ形のナイフで厚みが7ミリほどある皮に縦方向にぐるりと一周、溝を慎重にすばやく入れていきます。しっかり溝ができたら、次にチーズの高さの半分ほどの刃渡りのナイフを上の中心部から差し込みます。次に上面の両隅にアーモンド形ナイフを刺します。一度ナイフを抜いて、チーズの上下を返して反対面も同じ作業をします。年季の入ったプロなら、ナイフの差し込みか所は最低6カ所。普通はここを起点にあと数か所かナイフを差し込むことでチーズはうまく割れます。断面にナイフのあとがきれいに残りつつ、組織がぼろぼろとこぼれることなく2つに割れたら拍手喝采です。

2分の1になったパルミジャーノ・レッジャーノをさらに半分に割ると、これで一塊が10キロです。10キロの塊は横にして半分、そこから半分、さらに半分とアーモンドナイフで切り分けていくと10キロの1ブロックが8つに分かれて1つが1・2キロくらいでしょうか？　これでイタリアの空港などで売っている大きさですから、産地ではふつうに買う

■パルミジャーノ・レッジャーノのカッティングショー　（写真：采女宏美）

溝に沿って、慎重に
アーモンド形ナイフ
を差し込みます。

きれいに割れた瞬間。
これを「オープン」、開い
たと呼びます。

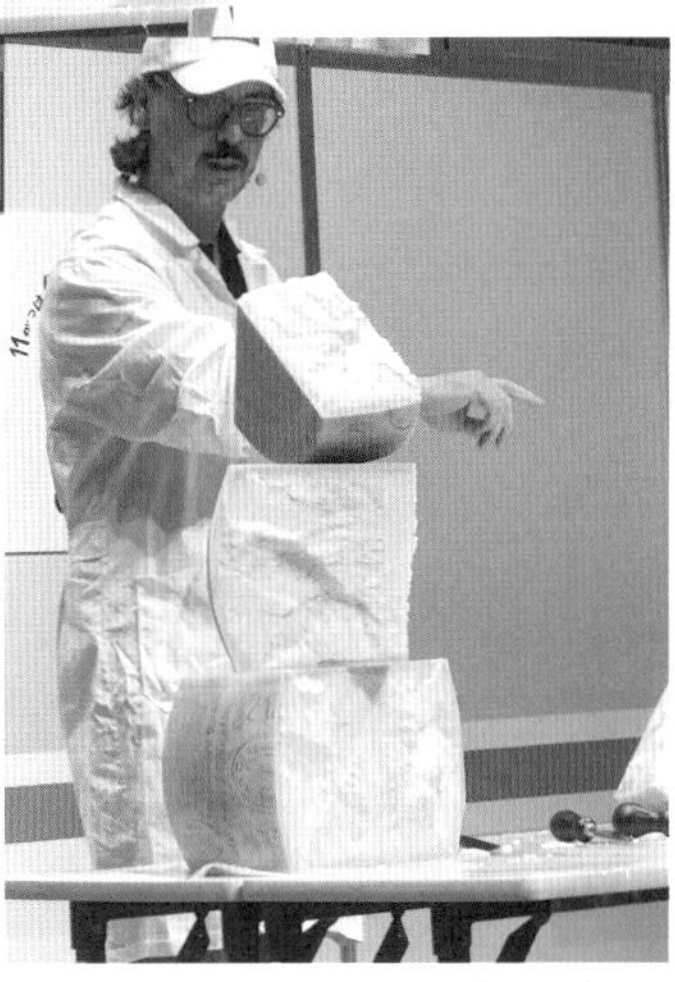

ロックカットを続けていくパルミジャーノ・レッジャーノ協会のシモーネ・フィカレッリさん。毎年のように来日してこのカッティングショーを見せてくれます。

１玉をほぼ均等に32の塊にカット。
ぼろぼろと無駄に崩すことなく仕上
げるには相当の熟練が必要です。

サイズなのかもしれません。そして周囲には香りがいっぱい・・・・。

　この一連の作業はとても力が必要で、男性並みの力がないと溝も彫れなければ、一度差し込んだナイフを引き抜くこともできません。でも、このパフォーマンスでパルミジャーノ・レッジャーノのかち割りが市民権を得て、塊をがりがりとかじる楽しさも広まったのです。カッティングショーもチャンスがあれば、ぜひ近寄ってみてください。その時しか手に入らない香りのギフトが体験できるはずです。

　しゃーっと薄く削るグラナと、静かに開いてギフトがもらえるパルミジャーノ。形はそっくりですが、それぞれの味わいと楽しさを、場面に合わせて体験していただけたらと思います。

8 牛と、牛乳と、美味しいチーズの関係

牛種の変遷

チーズはだいたい牛乳を10分の1に濃縮した分量になる、というのが目安です。逆に言えば1キロのチーズをつくるのに牛乳10リットルが必要ということです。でも、パルミジャーノ・レッジャーノは40キロ玉1個つくるのに560リットル、つまり1キロ当たりだいたい14リットルの牛乳が必要と言われます。となると、そうでなくても大型生産を目指す時代ですから、酪農もいまは乳量が一番重要な項目として語られます。

先にもお話しましたが、もともと牛は農家にとって経済的にも貴重な動物です。それを手に入れたら家族で大事にしながら農作業の助けにし、乳を搾ったらチーズにし、一定年齢が来たら肉にしていただく、というのが人間にとっての牛の価値でした。そして、そんな牛は、その土地土地の気候や草、地形などとの相性があって今日まで世代を継いで生き残ってきたものだと思います。

その例が、レッジョ・エミリアだったらヴァッケ・ロッセ（赤牛）の愛称で親しまれて

牛種のこだわり

レッジャーナ牛

(赤牛:ヴァッケ・ロッセ)

レッジョ・エミリア地方の平原で長く愛された伝統牛。

ビアンケ・モデネーゼ牛

(白牛:ヴァッケ・ビアンケ)

山がちな地域の土着品種。

ブルーナ・アルピーナ牛

(ブラウン・スイス牛)

チーズづくりにむく、歩留まりの良いミルクを出すことで人気。

フリゾーナ牛

(ホルスタイン牛)

改良が進み、ミルクの年間生産量が圧倒的に多いため、現在のパルミジャーノ・レッジャーノづくりの主役を担っています。

赤牛協会の焼き印が目印です。

いる伝統の赤毛牛レッジャーナ牛です。市街地近くの平原が広がる一帯で生き、頑強で厳しい農作業にも耐え、餌を大量に食べることなく良質の乳を出し、最後には美味しい食肉になってくれるありがたい存在として、15世紀くらいからこの一帯に広まっていったという記録があります。乳にはカゼイン含有量が高く、チーズづくりにも向いていましたが、19世紀にはそれだけでは生産が追い付かなくなり、シメンタール種との交配が進んだ時期もありました。しかし、この品種の爪は農作業には向かないことがわかり、再びレッジャーナ牛が地元の女王として君臨します。

一方、19世紀にはヴァッケ・ビアンケ（白牛）の愛称で親しまれるビアンケ・モデネーゼ種が盛んに飼育されていた記録があります。これは赤牛と違って山がちな地域の土着品種で、白ければ白いほど良いとされていたそうです。その白牛も1950年には50万頭を数えたものの、2004年には130頭まで落ち込んでしまいました。乳量が極端に少ないことが原因かもしれませんが、肉牛、乳牛、そしてきつい労働に耐える丈夫さと長命を持って山間部の農業の協力者として貴重だった時代は確かにありました。

とはいえ、赤牛も白牛も20世紀後半には数を減らし、一度は絶滅の危機が叫ばれるまでになります。幸いイタリアではスローフード協会が立ち上がり、伝統品種こそ守らなければという機運に乗って赤牛協会、続いて白牛協会が発足されました。

赤牛協会の公認マークが付けられたチーズは、高価な取引がされるようになり、注目を集め、その価格が上昇するほどになりました。また白牛協会は２００５年に公認マークが認められ、翌２００６年にはサローネ・デル・グスト（世界最大規模と言われる食の国際展示会）への出展を果たしました。白牛の飼育者が少ないこともあって、白牛のミルクでパルミジャーノ・レッジャーノをつくっている生産者はたった2軒だけですが、彼らは誇りを持っています。

では、21世紀の主役の牛はなんでしょう。

一度は女王に返り咲いたレジャーナ牛もその後再び衰退を見るのは、時代が牛に求めるものが田を耕すような農業力ではなく、ひとえに質のいい乳をたくさん出すことだからです。農地はトラクターに任せて、牛は牛舎でおとなしく、質の良いミルクをたくさん出してくれればいい。その要請に応えたのがフリゾーナ（ホルスタイン牛の現地での呼び方）でした。

いま、チーズづくりで人気のブルーナ・アルピーナ、つまりブラウン・スイス種は19世紀末から導入が進み、１９３０年代末にはパルマ平原に広く普及しました。しかし、１８７５年から導入が進んでいたフリゾーナが次第に勢力を増し、１９６０年代末にはブラウン・スイス種を数でしのぎ、あっという間にこの生産地域一帯はフリゾーナ主体となっていきました。フリゾーナに合う自動搾乳機の開発もまた、この流れを力強く後押ししました。そして逆に、この搾乳機のサイズに合わないヴァッケ・ロッセのような小型牛はこうして少数派になっていくのも、また時代の流れかもしれません。

経済社会では、牛1頭が年間何リットル生産するかはとても大切です。その性能を競っていい種を付けてはどんどん改良しています。牛も長く生きればミルクの質も落ちていきますから、デッドラインはシビアに設定されています。ミルク生産、チーズ製造、チーズ販売などそれぞれが分業ですからみんなそれぞれ、自分の利益は高い方がいいのもまた、人間の欲。そのような理由から1970年代からいままで、パルミジャーノ・レッジャーノの牛種の主役は圧倒的にフリゾーナになっています。

餌の研究、主張もそれぞれ

生産効率は、牛に与える餌にも向けられます。パルミジャーノ・レッジャーノのDOPの決まりでは、餌は地元の飼い葉（75％以上がその牧場のものであること）であること、1日に与える乾燥飼料のうち少なくとも50％は干し草であること、そしてサイレージ（貯蔵して乳酸発酵させた牧草）は禁止となっています。牧草は干すことでタンパク質の組成が変わり、生の草より牛の体に優しくなるのだそうです。

牧草の種類については、畑の生産効率とミルクの生産性の両方からマメ科とイネ科の植物が採用されています。マメ科植物としてはムラサキツユクサ（クローバー）やエルバメディカ（アルファルファ、ムラサキウマゴヤシ）、イネ科ではライ麦、燕麦、オオムギ、小麦、トウモロコシ、粟、ひえ、麦わらなどがあります。そして、これらの組み合わせにも、飼い主の主張がそれぞれにあります。

適地適育、牛たちが気持ちよいように

牛の飼い方も、1900年代初頭までは終日小屋の中につながれていたのが1965年ごろには牛舎内を自由に歩けるフリーストールが採用されるようになりました。山岳地方では放牧もありました。

私はアルプスなど、牛を放牧しているシーンこそ伝統的で王道なのだと思っていましたが、そもそも効率的に草刈りのできない山岳地帯の場合は、牧草を刈り集めて牛に食べさせるより、開墾した山に人が種をまき、木が生えて森に戻らないように牛たちに歩き回ってもらうほうが効率的だからと聞いて、目が覚める思いでした。そうか、だからそのような一帯は急斜面を力強く歩ける足腰を持った牛が代々飼われてもいるのです。土地土地で理にかなった飼い方というのがある、ということなのです。私が見た白牛は山地のロゾラで放牧されていましたが、それも、牛と土地の相性が合えばこそ可能なことなのだと、今では納得しています。

逆にポー川流域のような平地では、ばらばらと牛たちが広がって好き勝手に食べるよ

り、ごちそうの種を人間が撒いて刈り集め、土も牛も守りながら牛も居心地の良い牛舎の中である程度自由を確保されながらよい状態の飼い葉を与えられ、定期的に乳を搾ってもらえる方が幸せかもしれません。

ところで、チーズにもミルクにも、季節の良しあしを言うことがあります。確かに17世紀には、5月からの夏づくりのパルミジャーノ・レッジャーノをマッジェンゴ、冬のものはヴェルネンゴもしくはイヴェルネンゴと呼んで、夏づくりのほうが価値があるとして冬のものよりはるかに高価格が付いたという記録もあります。その習慣は長く続き、冬はパルミジャーノ・レッジャーノはつくらない、あるいはつくってもパルミジャーノ・レッジャーノとは呼ばない時代があったのです。しかし、第二次世界大戦後まもなく製法の改善によって冬のミルクでつくるパルミジャーノ・レッジャーノが夏のそれと比べて遜色がなくなり、ついに1983年からはヴェルネンゴとの区別は公式に廃止されました。

日本でも夏は青々とした牧草を食べさせている夏のミルクからつくるのが美味しいという人もいれば、夏は牛もたくさん水を飲むし、暑さで疲れているので冬のほうが断然いい、という人もいます。

世界や日本の各地に行って見聞きした結果、いまでは「よいミルク」とはそれぞれの環境で、牛の種類とその土地の気候風土との相性があってこそ、最上になるということだと思うようになりました。

9 美味しくて、栄養も消化吸収もよい秘密

パルミジャーノ・レッジャーノのつくり方

牛の飼育もチーズづくりも大型化、機械化が進むと聞くと、つい、味わいを心配する人もいるかもしれません。でも、大丈夫です。というのも、パルジャミーノ・レッジャーノには「カザーロ」と呼ばれる専門のチーズ製造職人の存在があるのです。

彼らはいかに時代が進もうとも「天候が毎日違うように、ミルクも毎日違うからチーズづくりはマニュアル化できない。職人の長年の直感や手の感覚が頼り」といいます。そしてその地域、地域のマイクロフローラ（微生物相）を最大限生かしたパルジャミーノ・レッジャーノづくりを、職人の誇りにかけて目指しつづけるからこそ、８００年以上の伝統の味が守れるのです。

ここでそのつくり方を簡単にご紹介しましょう。

①朝夕、搾ったミルクは2回とも18℃を下回らない程度まで冷却され、搾乳後2時間以

内に製造所に運び込まれます。
②夕方に搾ったミルクは平たいバットに入れて一晩静置。上に浮上した脂肪分は取り除きます。
③翌朝、搾乳して製造所に持ち込んだミルクと前夜の脱脂したミルクを合わせ、大きな銅鍋に入れて温めます。
④前日のチーズづくりで出たホエイを一晩寝かせ自然発酵させ、③に加えます。
⑤続いて、子牛の胃袋から抽出した天然の凝乳酵素（レンネット）を加えます。15分ほど待つとカード（凝乳）ができあがります。
⑥軟らかく固まったカードを、スピノと呼ばれる、長い棒の先に鳥かごのようなものがついている道具でかき混ぜ、砕いていきます。鍋の温度を上げながら、カードが米粒大になるまでこの作業を続けます。
⑦粒が均一になったら、さらに温度を上げてカードから水分（ホエイ）を抜き、火を止めます。
⑧そのまま静置すると、米粒サイズのカードが下に沈殿します。この時、翌日分のホエイを取りおきます。
⑨鍋の底に大きな麻布を差し入れ、下に集まっているカードをすべてすくいあげます。
⑩すくった麻布で一つに包み、これを鍋に渡した棒につるします。この塊をそのままナ

パルミジャーノ・レッジャーノのできるまで

整然と並ぶ銅鍋は、円錐形を逆にした形。これ1つに1000リットル以上の脱脂したミルクが入ります。

固まったカードをスピノでカットします。

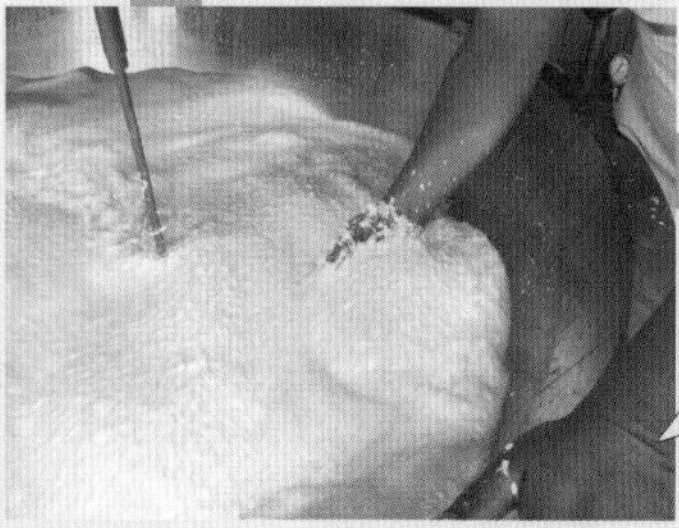

カードが米粒大になったらさらに加熱してカードから水分を抜いていきます。

静置して下にたまったカードを、麻布ですくいあげます。

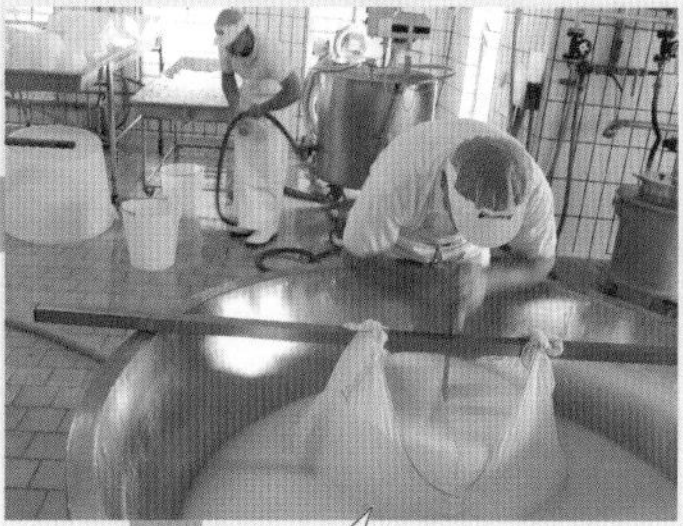

これをナイフで真っ二つにします。

2つに分けてつるします。

麻布ごと型に入れます。

重しをしてホエイを抜きます。

型から出したら、このベルトを巻いて金属製の型で締め上げて表皮にPARMIGIANO-REGGIANOの文字を彫り込みます。

金属製の型で締め上げます。

今も伝統的な方法を取っているところでは、チーズは塩水プールにプカプカと浮かび、時々人が天地を返しています。

塩漬けは大きな塩水プールに金属の棚ごと浸けるのが現代流。

塩水プールから出したら乾かし、そののち熟成庫に移します。

12か月の熟成段階で協会の検査官が来て1玉ごとチェックします。

合格したものには焼き印が押されます。

イタリアの真空パックは持ちがとても良いです。

イフで真っ二つにカットします。

⑪玉を2つに分けて、それぞれ麻布で包んでつるします。

⑫「ファッシエーラ」と呼ばれる円筒形の型に、⑪を麻布ごと入れて、製造年月日を印字したカゼインマークを置き、重しを置いて水分を抜きます。

⑬夕方、側面にPARMIGIANO-REGGIARNOの点文字、製造所コード、製造年月が刻印されたベルトを巻き、翌朝には太鼓形の金属製の型で締め上げて形を整えます。

⑭形が整ったら型から出し、飽和食塩水に20～25日間浸けます。

⑮乾燥室で乾かし、温度、湿度、換気が自動コントロールされている熟成庫に運び、最低12か月間、熟成させます。この間に、表皮をブラッシングし、上下を返すというケアを続けます。ケアは週1回からだんだん間隔をあけていきます。

⑯熟成12か月になると、協会の検査官が来て、1玉ずつチェックします。合格すると本物の証として焼き印が押されます。

さて、検査は合格しても、このチーズはそのまま長く熟成させるほどに旨み成分が凝縮されてアミノ酸の結晶が大きくなり、商品価値も上がるので、多くの場合18か月以上、平均すると24か月ほど熟成させてから出荷されています。熟成期間の長短でマークが違うので、ぜひ確認してみてください。熟成の度合いは好みですが、前にもお話した通り、5年、

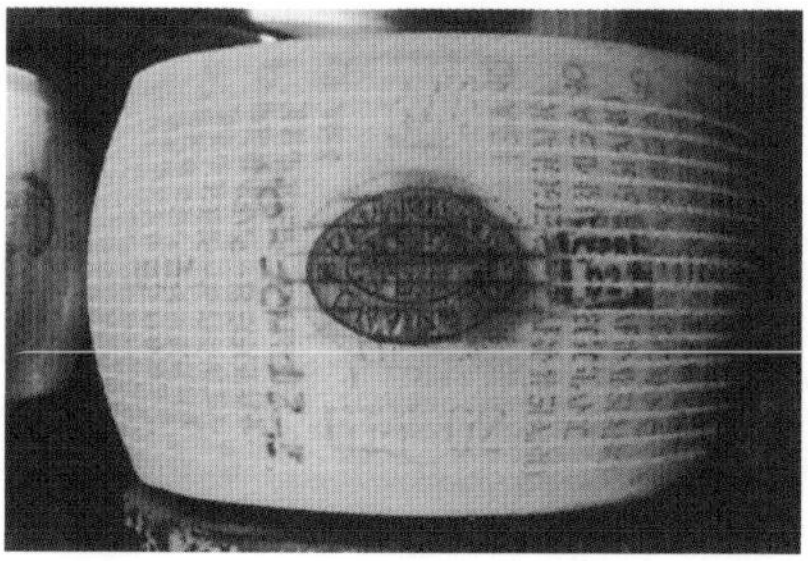

失格品はこうして出荷を止められます。

7年と長ければ長いほど良い、というわけでもありません。

それより、せっかくなら出会ったチーズの切りたてのフレッシュな香りを楽しんでいただきたいものです。最上のものは、イタリアでカットして、その場で即、真空パックしたものです。日本でも真空パックにはできますが、真空にするときにどうしても一度熱をかけるので表面が少し傷みます。そうなるとそんなに長く美味しい状態が保てません。ところがイタリアの真空機は熱をかけることなく冷たいままパックできるのです。実際に3か月、6か月と比較実験をしてみましたが、やはりイタリアの技術にはかないません。これはもう10年以上前から経験しています。とても不思議なのですが、ここで使われている包材は、一度口を開けた後にもう一度チーズを戻すだけでも、やはり持ちがいいんですね。すごいです。

粉にして使うなら、塊を買ってその都度おろすのが一番です。粉にしたものを冷蔵庫に入れると冷蔵庫臭がついてしまいますから、余ったら、数日中に使い切っていただきたいですね。

製造の裏話

ところで、12か月の段階でチェックして失格とされたチーズはどうなるでしょう。これ

ときに生まれる「一人っ子」のパルミジャーノ・レッジャーノ。

はパルミジャーノ・レッジャーノとして出荷してはいけないわけですから、間違って出荷しないように側面に1センチ程度の間隔で水平な溝が彫られます。このようにして本物のパルミジャーノ・レッジャーノの信頼を守っていくのが協会の重要な役割なのです。

ところで、現地の人に聞いたこぼれ話を一つ。

毎日、ミルクを集めていたら、1200リットルもの鍋が毎回いっぱいになるとは限りません。また、酪農家によっては何種類かの牛を飼っていることもあり、少ないからと言ってミルクを混ぜるわけにいかない、ということもあります。つまり、パルミジャーノ・レッジャーノづくりはいつも⑩、⑪のようにツインズ（双子）をつくれるとは限らず、ときに一人っ子ということもあるのです。つまり、いつもは味に同じパートナーがいるけれど、唯一無二の一人っ子もあり、なのだそうです。

栄養も消化も良いというデータ

このようにして添加物も保存料も使わずに800年つくり続けてこられ、宇宙に行くパートナーにも選ばれたチーズは、実は日本がこれから向かう高齢社会にうってつけではないでしょうか。少量でいいので上質のモノが食べたいとか、消化吸収力が弱くなったという人にこんなにおすすめの食品はありません。パルミジャーノ・レッジャーノはよく熟成しているので少量でも複雑な味わいが楽しめ、タンパク質の分解が進んでいるので消化吸収はとても良いのです。

同協会の資料によると、肉100グラムの消化時間が4時間なのに対してパルミジャーノは45分だそうです。栄養成分ではタンパク質にビタミン、そのうえカルシウムとリンが並外れて多いのが特色です。いくつになっても必要な筋肉を作るのに欠かせないタンパク質はパルミジャーノ100グラムで肉190グラム分、魚225グラム分に相当するそうです。脂肪はチーズの中では少ないのですが、唯一注意するなら塩分が多めということぐらいでしょうか。

小さく割ったものを容器に入れておいて、気軽にポイっと口に入れて。暑くて食欲のない夏なら塩分も栄養も取れて一石二鳥です。

10 人と出会い、つながっていくパルミジャーノ

チーズの王様に集う人々

最後に、イタリアチーズを語るとき、なぜ、生産量1位のグラナ・パダーノでなく、2位のパルミジャーノ・レッジャーノなのかを考えてみました。一番の理由は、イタリアでも世界でも、その風格や存在感からして、ずっとチーズの王様として君臨しているから、つい肩入れしたくなるのだと思います。

今、日本でフランス産のコンテが人気急上昇中ですが、パルミジャーノ・レッジャーノはそのずっと前から私たちの食卓にありました。仮に影武者が代理をしていたとしても、それほどずっと前から一人で王様だったので、やっぱり敬意を払ってしまうのです。

王様を王様たらしめてきたのは、姿形、味、さらにつくり継いできた人々の歴史がしっかりしているのもありますが、その品質を妥協することなく守り、世界にプロモーションするのと同時に偽物の出現と戦ってきたパルミジャーノ・レッジャーノ協会の存在も大きいと思います。１９５５年から正式に活動しているこの協会の存在は、私がチーズビジネ

六角形が特徴の昔のチーズ製造小屋。パルミジャーノ・レッジャーノ協会の中庭で。

スを始めた時から有名でした。そして1987年、初めてのイタリアで私を案内して下さったのはレオ・ベルトッツィさんでしたが、その後、交代してシモーネ・フィカレッリさんが広報担当になってすでに20年。初来日の1998年からほぼ毎年、日本でパルミジャーノのカッティングショーや展示会と言えば彼が登壇します。つまり30年の間にたった2人。これほど顔が変わらないのは日本での会社づきあいでも珍しくないでしょうか。おかげで遠いイタリアと日本でも安定した人間関係が築けました。

また、ビジネスの相手を探していると協会に相談したときも、前任のレオさんは私の条件をよく理解してベストマッチになれるだろう会社を選んで紹介してくれました。1989年に出会ったそのビエンメ社は、社長のお兄さんのグイード・ビアンキ氏が牧草について熱く語る酪農家、そしてそれを食べた牛のミルクからできたパルミジャーノを熟成させ、国内外に販売するのが弟でビエンメ社社長のカミーロ・ビアンキ氏でした。ですから、日本から商談に行くと、「話はゆっくりあっちでしよう」と、私をいつもパルマの街中からお兄さんのいる牧場に連れて行き、それが今も続く家族ぐるみの交流に発展しました。

会ってその熱心さがわかると、せっかく持ち帰るなら、こういう人のチーズを日本に紹介したいと思うようになります。こんなところで、そんなことを考えながらつくってるんだ、そんな風に生きてるんだ、と知るほどにそれぞれの良さを知り、ロマンが胸に響くの

いつも牧草のことを一生懸命話してくれたグイード・ビアンキ氏。

です。それは実はビエンメ社だけではなく、赤牛、白牛の協会を訪ねた時、山の生産者、丘陵地の生産者、広大な平野の生産者と出会った時もそうでした。村の一画をまるごと有機にしてパルミジャーノ・レッジャーノまで有機認証をとっている生産者もいました。結局、パルミジャーノ・レッジャーノの後ろにつくり手、つまり人の存在があり、その方とのつながりでチーズにも思いが浸み込んでいくのです。

ロマンと共に豊かさを味わう

日本に、パルミジャーノが大きなチーズの玉として届くだけでは価格競争しかなくなる現実の中で、私はなんとかストーリーやロマンごと食べ手に届けて味わってもらえる道を探してきました。パルミジャーノ・レッジャーノには、そもそもそれに値するだけのストーリーがあります。イタリア一の大河であるポー川、その流域に広がる一大穀倉地帯、そこで花開く文化も経済も豊かなエミリア街道の街々。ここに来ると食べ物もチーズだけでなく生ハムあり、バルサミコあり、巨大トマト工場ありと、なにを食べてもハズレがない食文化の厚み、食の醍醐味を感じます。加えてイタリア人の陽気さ、楽しさに触れるようになると、これだから世界中がイタリアに魅せられていくんだなあと思ってしまいます。

イタリアではチーズは料理材料の一つですが、パルミジャーノ・レッジャーノはこれさえあれば、パスタ料理も立派な一皿にしてしまう圧倒的な存在感があります。そして、だからこそ、他の国に移住するにしても、このチーズだけは持っていきたいという気持ちにさせるのかもしれません。

パルミジャーノ・レッジャーノも今までの歴史の中でサイズが変わり、牛種が変わり、製法が工夫されてきたように、時代の移り変わりを反映させることは多々あります。やはり、それだけ人気が高いチーズということなのだと思います。

私のイタリアチーズ人生は、文化が豊かなパルマの町で出会ったパルミジャーノ・レッジャーノ、そしてそのカッター台から始まったといっても過言ではありません。協会と付き合う中で、このチーズが宇宙に行ったと聞いたり、アテネオリンピックで金メダルを手にしたイタリア人マラソンランナーは、このチーズのミルク生産をする酪農一家の一人だと知らされたりと、いくつも夢を見させてもらいました。これからも王様には王様らしい逸話が紡ぎ続けられることでしょう。そして王様が王様でい続ける限り、私はいつまでも敬意を払いつつ、かたや日本で「カーサ・エミリア」の開店を夢見ていたいと思います。

本書で取り上げた イタリアDOPチーズの生産量(単位:トン)

出典: CLAL

チーズ名	乳種	2008	2009	2010	2011	2012	2013	2014	2015	2016	2017	2018
グラナ・パダーノ Grana Padano	牛乳	163,341	158,326	163,326	176,500	178,906	173,917	184,964	183,235	185,873	190,353	190,558
パルミジャーノ・レッジャーノ Parmigiano Reggiano	牛乳	116,064	113,436	119,221	133,768	136,919	132,189	132,684	132,829	139,685	147,125	147,692
ゴルゴンゾーラ Gorgonzola	牛乳	48,721	47,644	48,624	50,335	49,800	50,107	53,322	54,015	54,974	56,793	58,192
モッツァレッラ・ディ・ブーファラ・カンパーナ Mozzarella di Bufala Campana	水牛乳	31,960	33,457	36,677	37,472	37,122	37,308	38,068	41,295	44,207	47,032	49,398
プロヴォローネ・ヴァルパダーナ Provolone Valpadana	牛乳	9,615	8,799	7,742	7,017	6,857	5,878	5,330	4,720	5,290	5,920	6,159
カチョカヴァッロ・シラーノ Caciocavallo Silano	牛乳	750	750	738	735	524	583	670	791	781	783	859
ラグザーノ* Ragusano	牛乳	131	165	173	131	145	154	179	125	143	190	191
プロヴォローネ・デル・モーナコ Provolone del Monaco	牛乳	0	40	40	0	0	η.ρ.	η.ρ.	η.ρ.	η.ρ.	η.ρ.	η.ρ.

*: 生産時期11～12月

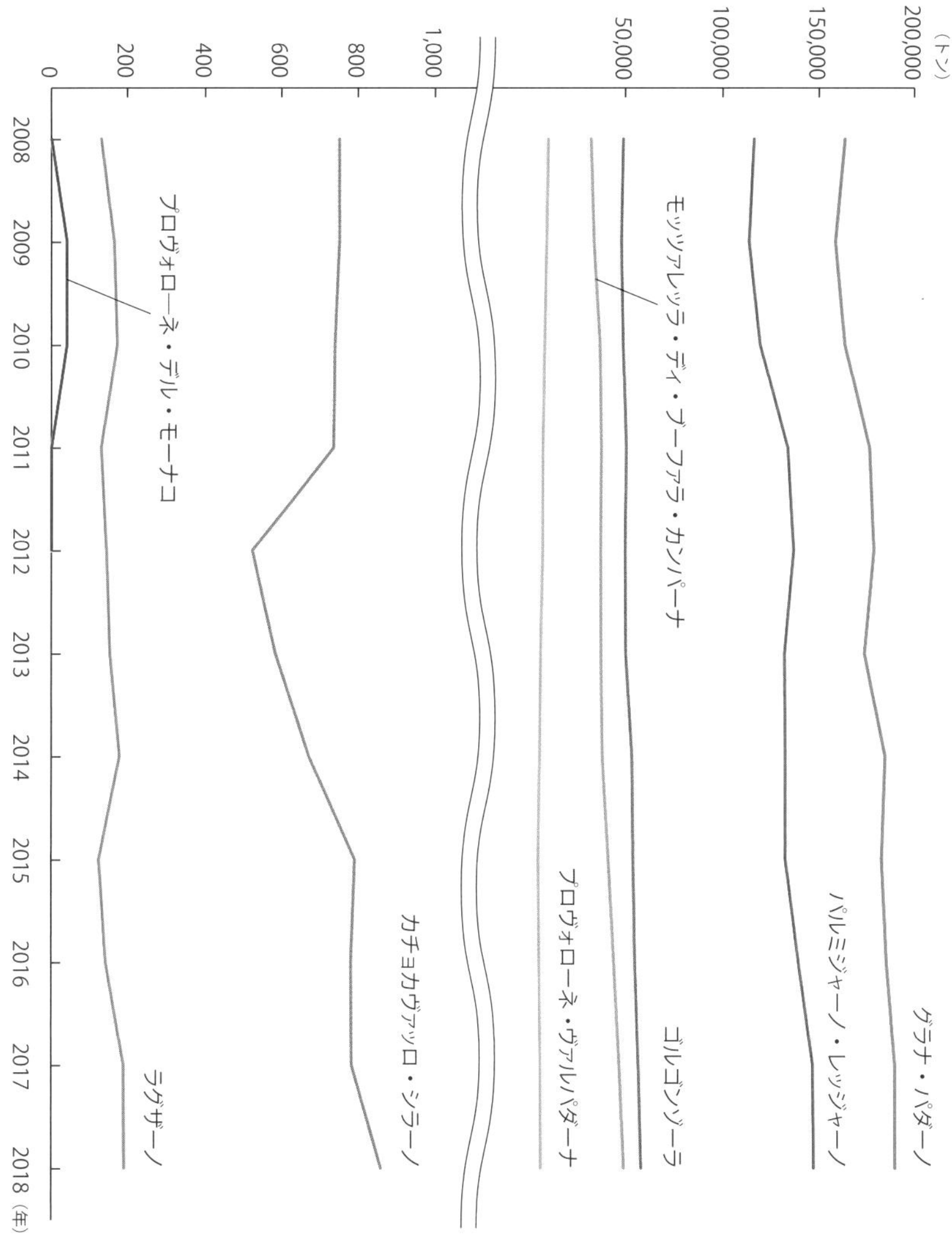
（トン）
200,000
150,000
100,000
50,000
1,000
800
600
400
200
0
2008
2009
2010
2011
2012
2013
2014
2015
2016
2017
2018（年）
グラナ・パダーノ
パルミジャーノ・レッジャーノ
ゴルゴンゾーラ
モッツァレッラ・ディ・ブーファラ・カンパーナ
プロヴォローネ・ヴァルパダーナ
カチョカヴァッロ・シラーノ
ラグザーノ
プロヴォローネ・デル・モーナコ

もっとわかる

イタリア3大チーズ

チーズのカリスマが
モッツァレラ、ゴルゴンゾーラ、パルミジャーノ・レッジャーノを語る

著者: 本間《ほんま》 るみ子

NPO法人チーズプロフェッショナル協会会長
株式会社フェルミエ取締役会長

新潟県佐渡出身。1977年チーズ輸入商社チェスコ株式会社に入社し、当時の社長・松平博雄氏の薫陶を受け、チーズの世界を探検しはじめる。1986年株式会社フェルミエを設立。フランスやイタリアをはじめ各国の伝統チーズを発掘して日本に紹介する一方で、日本のチーズも世界に発信している。チーズ伝統国ではチーズコンテストの審査員を務め、国内ではチーズに関する講演活動、チーズスクールの講師、執筆活動も熱心にこなす。おもな著作「イタリアチーズの故郷をたずねて」「チーズ伝統国のチーズな人々」(ともに旭屋出版)、「自宅でチーズをもっと楽しむ本」(主婦の友社)ほか多数。フランス共和国より国家功労勲章シュヴァリエ、農事功労賞オフィシエを受章。

協力：パルミジャーノ・レッジャーノ協会
　　　ゴルゴンゾーラ保護協会
参考資料：パルジャミーノ・レッジャーノのすべて(フェルミエ刊)

発 行 日　2020年1月31日　初版発行
企画・制作　有限会社たまご社
編　　集　松成容子
写　　真　本間るみ子、坂本 嵩、采女宏美
デザイン　株式会社スタジオゲット
発 行 者　早嶋 茂
制 作 者　永瀬正人
発 行 所　株式会社 旭屋出版
〒160-0005 東京都新宿区愛住町23-2　ベルックス新宿ビルⅡ6階
電　話　03-5369-6424(編集)
　　　　03-5369-6423(販売)
Fax　03-5369-6431(販売)
郵便振替 00150-1-19572
ホームページ　http://www.asahiya-jp.com

印刷・製本　株式会社シナノ パブリッシングプレス

ISBN978-4-7511-1406-3　C2077